世界军事电子
发展年度报告 2016

主　编　何小龙
副主编　黄　锋　宋　潇　李耐和

国防工业出版社
·北京·

内 容 简 介

本书系统披露了世界主要国家和地区 2016 年度军事电子领域的重大动向和最新进展,分为年度回顾、战略与政策篇、系统篇、技术篇、工业篇和 2016 年度大事记六部分。该书可为领导机关决策提供支撑,还可为科技人员及时了解国外军事电子发展动向提供全面的参考信息。

图书在版编目(CIP)数据

世界军事电子发展年度报告.2016 / 何小龙主编.
—北京:国防工业出版社,2017.3
ISBN 978 - 7 - 118 - 11516 - 1

Ⅰ.①世… Ⅱ.①何… Ⅲ.①军事技术—电子技术—
研究报告—世界—2016 Ⅳ.①E919

中国版本图书馆 CIP 数据核字(2017)第 325182 号

※

国防工業出版社出版发行

(北京市海淀区紫竹院南路 23 号 邮政编码 100048)
三河市众誉天成印务有限公司印刷
新华书店经售

*

开本 710×1000 1/16 印张 16 字数 234 千字
2017 年 3 月第 1 版第 1 次印刷 印数 1—2000 册 定价 198.00 元

(本书如有印装错误,我社负责调换)

国防书店:(010)88540777　　　发行邮购:(010)88540776
发行传真:(010)88540755　　　发行业务:(010)88540717

当前，世界主要国家和地区积极发展信息化武器装备和技术，力争使作战要素达到最佳组合，从而赢得战场主动权，确保在信息化战争中保持优势。

为"紧跟世界新军事革命加速发展的潮流"，助力"机械化和信息化建设双重历史任务"的完成，工业和信息化部电子第一研究所组织力量，对世界主要国家和地区的军事战略、武器装备、军事技术进行跟踪研究，梳理和总结军事电子装备与技术发展的最新动向和国防工业能力建设的重大举措，在此基础上编辑出版《世界军事电子发展年度报告2016》。

《世界军事电子发展年度报告》自 2005 年首次推出后，已连续出版12 次。此版内容更加详实，系统披露了世界主要国家和地区 2016 年度军事电子领域的重大动向和最新进展，对读者全面、深入的了解军事电子领域的发展态势具有重要参考价值，同时亦可为各级领导机关决策提供有力的信息支撑。

本报告在研究撰写过程中，得到了诸多领导和业内专家的支持和悉心指导，在此深表感谢。由于时间和能力有限，疏漏或不妥之处恳请批评指正。

工业和信息化部电子第一研究所

2016 年 12 月

CONTENTS | 目 录

>> 系统篇

>> 技术篇

>> 工业篇

年度回顾

一、研发新型指挥控制系统,增强一体化指控能力

二、发展情报侦察监视系统,提高战场态势感知能力

三、推进导航系统与技术发展,确保战场时空统一

四、发展新型通信系统与技术,满足信息实时传输需求

五、推动电子战装备与技术研发,打造电磁空间对抗新能力

六、电子元器件技术屡获突破,有望大幅提升装备性能

2016 年,世界军事电子装备与技术快速发展,主要军事国家发展新型指挥控制系统,完善多维预警探测系统建设,推进卫星导航定位系统研制部署,开展非卫星导航定位技术研究,并在军事通信、情报侦察、电子战等领域取得新进展;电子元器件技术取得多项重大突破,促进电子信息装备向着多功能、小型化、精确化方向发展。

一、研发新型指挥控制系统,增强一体化指控能力

美国陆军一体化防空反导作战指挥系统完成双重拦截飞行测试。在该系统指挥下,"爱国者"-3 防空导弹系统实现双目标摧毁,展示了系统指挥防空反导系统识别、跟踪、打击和击毁目标的能力。IBCS 可整合现有和即将部署的传感器、拦截火力单元等组件,形成灵活的、模块化的作战组织架构,对不同威胁目标生成相应指挥作战方案。

俄罗斯加强指挥控制能力建设,沃罗涅日飞机制造厂首次对外展示俄第三代战略空中指挥中心。该中心搭载在改进型伊尔-96-400 宽体飞机上,可作为备用指挥控制系统,在无地面支援的情况下直接部署至战场上空,即使地面通信线路和节点失效,仍能发挥正常功效。俄国防部对其定位是为武装部队和战略核力量提供指控支持,确保俄罗斯核报复能力的可靠性。

二、发展情报侦察监视系统,提高战场态势感知能力

美国天基预警系统建设取得新进展,天基红外系统第三颗地球同步轨道卫星完成研制,预计 2017 年发射,将增强美军探测导弹发射能力,为弹道导弹防御、战场态势感知提供支持。海军一体化防空反导雷达部署至太平洋导弹靶场,进行现场测试,包括空中、海面目标以及一体化防空反导的飞行测试。该雷达是首部可扩展雷达,由雷达模块化组件构造而成,可组合成任意孔径雷达,采用双波段固态有源相控阵体

制,可完成对来袭导弹的远程预警探测、跟踪识别、拦截引导与毁伤评估全流程作战,还可执行反舰、反潜、远程对陆攻击等多种作战任务。

此外,美国继续研发部署空间目标监视装备。通用动力公司完成"空间篱笆"雷达接收阵列建造工作。该阵列接收面积约 650 米^2,重达 310 吨,下一步将与"空间篱笆"系统进行整合。"空间篱笆"系统可探测直径最小 5 厘米的卫星和太空碎片,当雷达与美军其他网络传感器联网时,其系统性能将比当前空间监视能力提高 5 倍。两颗"地球同步轨道空间态势感知计划"第二组高轨太空监视卫星业已入轨,标志美军高轨监视技术已发展成熟,将形成实战能力。该卫星系统可为美军提供准确的目标轨道和特征数据,保障美国重要的太空资产的安全,并对轨道上任何可能威胁美国卫星的航天器、太空碎片进行实时监视。国防高级研究计划局(DARPA)向美国空军交付"空间监视望远镜"系统。该系统具有较强空间态势感知能力,可更快速侦察、跟踪先前无法观测到或难以发现的小型空间物体,并可降低空间物体对卫星或地球造成的潜在碰撞风险,将部署在澳大利亚,为"空间监视网络"提供关键空间态势感知信息,弥补美国在南半球的监控空缺。

俄罗斯继续强化天基侦察预警能力建设。一是加快"统一空间系统"预警卫星研制进程,首颗卫星正在进行在轨测试。该卫星系统能够跟踪洲际弹道导弹、潜射弹道导弹、战术导弹,对陆射/潜射导弹的预警时间从第一代的 30 秒缩短至 5 秒。二是研发"拉兹丹"卫星侦察系统,该系统由三颗卫星组成,将补充并替换"角色"光电侦察卫星,计划 2019—2024 年发射。第二、三颗卫星将采用新型光学器件,配备直径为 2 米的物镜。三是启动高分辨率雷达侦察卫星核心载荷自主研发工作。该载荷将应用至五颗侦察卫星组成的侦察卫星系统。该系统将在约 2000 千米的轨道运行,可提供亚米级分辨率的动态影像,如可在高空辨识地面车辆牌照信息,甚至是人外貌的一般特征,同时还可绘制巡航导弹飞行所需的精确地球 3D 模型图,首颗卫星计划于 2019 年入轨。

此外,俄罗斯 A-100"主角"预警机研制进展顺利,开展无线电系统地面试验。A－100 预警机搭载了先进有源相控阵雷达,可监视、跟踪空中、地面、水面目标,并对目标信息自动识别分类,引导歼击机或轰炸机实施攻击,同时还具有先进信号情报处理能力和电子战能力可抑制敌方雷达和通信设备,并干扰敌方通信、雷达等节点。

三、推进导航系统与技术发展,确保战场时空统一

美国持续推进 GPS 导航系统发展,空军完成 GPS ⅡF 系列导航卫星星座部署,将卫星定位精度提升至 3 米,与洛克希德·马丁公司签署 GPS Ⅲ 系统第 9、10 颗卫星生产合同,并完成 GPS Ⅲ－1 卫星测试工作。从 GPS Ⅲ－11 开始,卫星将增加新型激光发射器阵列和搜救载荷,定位精度提高 3 倍,抗干扰能力提高 8 倍,寿命延长至 15 年。为弥补卫星导航定位的不足,美国还积极开展非卫星导航定位技术研发。DARPA 正在研发"深海导航定位"系统,该系统可使无人潜航器通过测量自身到多个水下信标的距离,获得水下持续航行所需的精确导航信息,无需浮上水面进行卫星定位。DARPA 还启动"高稳定原子钟"项目,开展一体化高稳定原子钟、开放性原子钟体系结构和其组件技术等基础研究,旨在克服现有授时技术电池供电缺陷,解决上电频差、频率漂移、频率温漂等问题,提高轻小型、低功耗平台的授时精度。

俄罗斯发射"格罗纳斯"－M 51、"格罗纳斯"－M 53 导航卫星,并开展三颗在轨"格罗纳斯"－M 导航卫星的维修工作。欧盟发射"伽利略"卫星导航系统第 13 颗和第 14 颗卫星,计划还将发射四颗卫星,以提供初步的导航、定位与授时服务。印度区域卫星导航系统第七颗导航卫星发射升空,完成空间段七星组网。该系统是独立区域导航卫星系统,能够为印度本国和印度大陆周边 1500 ~ 2000 千米区域用户提供精确定位信息服务,可覆盖东经 40°~140° 和北纬 40°~南纬 40° 的范围,包括印度次大陆及印度洋等区域,定位误差不超过 20 米,减少印度对美国全球定位系统依赖。

四、发展新型通信系统与技术，满足信息实时传输需求

美欧卫星通信系统稳步向前发展，美国"移动用户目标系统"卫星星座完成部署，组成由四颗工作星和一颗备份星组网的星座，实现近全球覆盖，预计2017年实现全面运行。该系统是美军新一代窄带宽战术卫星通信系统，主要满足战术移动通信需求，为舰艇、飞机等空中平台以及地面机动部队提供作战服务，显著改善和提高移动作战人员的安全通信能力。"欧洲数据中继系统"首颗卫星载荷开始为"哨兵"系统卫星提供服务，标志着空间激光通信技术成熟，已进入商业应用阶段。该卫星系统采用激光和射频混合通信技术，最大星间数据传输速率可达1.8吉比特/秒。欧洲率先实现空间激光通信技术的商业应用，开启了超大容量、超高速率卫星通信新模式，为构建天基信息互联网提供新途径。

新型通信技术研发势头正猛。DARPA研制出新型微型环形电子组件。该组件可实现单根天线在两个方向同时获取无线信号，同时进行信号发送和接收。应用了该组件的移动设备和雷达系统将具备全双工通信能力，实现无线通信容量倍增。加州大学圣地亚哥分校在DAR-PA"超宽带可用射频通信"（HERMES）项目资助下开展"无线低语"技术研发。该技术将通信系统重建信号的功耗降为最低，并可挖掘频谱中未使用的频段，通过窄带滤波等手段确保在强干扰情况下正常接收信号；可利用受限频率，减小链路功耗，为利用更高安全性的电磁频谱开辟新方法。美国海军启动"网络战术通用数据链"系统研发。该系统采用开放式架构，具备通用界面和可重新编程能力，可改进信号波形，适应任务需求的不断变化，并提供多源实时ISR数据同步收发和跨网指控信息交换能力，增强态势感知能力。

美国联邦通信委员会为第五代移动通信系统开放10.85吉赫频谱资源，国家科学基金委员会也启动第五代移动通信系统高频数据传输

相关研究。第五代移动通信系统采用软件定义网络技术,应用通用处理单元和天线单元,利用一套终端支持各种无线通信,最终可实现高达1吉比特/秒的理论传输速率,为空天地一体化组网以及地面战术通信系统提供数据接口和覆盖支持,还可为军用通信网络提供支持。这表明,军民用无线通信系统的技术壁垒有望移除,二者未来可实现互连互通。

五、推动电子战装备与技术研发,打造电磁空间对抗新能力

美国海军向参议院提出增购至少160架EA – 18G"咆哮者"电子战飞机,该数量是海军执行电子战任务所必须的数量。美国海军"下一代干扰机"中波段增量1型电子攻击吊舱正式进入工程、制造和发展阶段,计划于2017年进行关键设计评审。该吊舱采用最新基于软件的数字化有源电子扫描阵列,将替代当前集成于EA – 18G的AN/ALQ – 99战术干扰系统,增强电子攻击能力,以破坏和削弱敌人防空和地面通信系统,可对抗新兴威胁,将为电子战机群带来强大的作战能力。

为应对频谱挑战,美国开展了一系列认知电子战项目,并取得了新进展。洛克希德·马丁公司与DARPA完成"自适应电子战行为学习"项目成果靶场飞行试验,验证了认知电子战系统通信对抗能力。自适应雷达对抗项目完成第二阶段任务,研制出认知电子战原型机。美国海军正在研究将该技术成果应用于EA – 18G"咆哮者"电子战飞机。随着美国对认知电子战基础理论和技术研究的不断深入,将加速推进认知电子战装备的发展,提高美军在复杂电磁环境中的对抗能力。

俄罗斯无线电技术集团研制的"摩尔曼斯克 – BN"联网的子系统通过国家测试。"摩尔曼斯克 – BN"系统是俄罗斯国家战略性电子战系统,能压制5000千米范围内的20多个频率,对在其作用范围内的地面指挥所、飞机和舰艇造成有效干扰。该电子战系统旨在对抗美国及

北约推行的"以统一通信空间为基础、以网络指挥为主"作战理念。该系统一旦列装,将增强俄军电子战能力,使其具备电磁空间作战优势。

六、电子元器件技术屡获突破,有望大幅提升装备性能

美国能源部劳伦斯伯克利国家实验室利用碳纳米管和二硫化钼,成功制出目前世界上最小的晶体管,其栅极长度仅有 1 纳米,远低于硅基晶体管最小栅极长度 5 纳米的理论极值。这一重大突破不仅有望延续摩尔定律,而且更重要的是,如果其投入使用,手机、计算机、通信、武器装备等产品将实现更高的性能。

英国伦敦大学学院攻克半导体量子点激光材料与硅衬底结合过程中位错密度高的世界难题,研制出直接生长在硅衬底上的实用性电泵浦式量子点激光器,其波长 1300 纳米,室温输出功率超过 150 毫瓦,工作温度达 120℃,平均无故障时间超过 10 万小时。硅基量子点激光器的问世,打破了光子学领域 30 多年没有可实用硅基光源的瓶颈,是硅基光电集成技术的重大进步,有助于解决大数据时代所面临的高速通信、海量数据处理和信息安全等问题。

在美国 DARPA"芯片内/芯片间增强冷却"项目的支持下,洛克希德·马丁公司研制出芯片嵌入式微流体散热片,解决了制约芯片发展的散热难题。芯片嵌入式微流体散热技术是在芯片内部制作微通道,通过向微通道注入液体,利用自然循环、泵送及射流等方式带走热量,实现芯片冷却的技术。洛克希德·马丁公司研制的散热片长 5 毫米、宽 2.5 毫米、厚 0.25 毫米,热通量为 1 千瓦/厘米^2,多个局部热点热通量达到 30 千瓦/厘米^2。同常规冷却技术相比,可将热阻降至 1/4,射频输出功率提高 6 倍。未来,嵌入式微流体散热片技术可应用于中央处理器、图形处理器、功率放大器、高性能计算芯片等集成电路,促进其向更高集成度、更高性能、更低功耗方向发展,显著提高雷达、通信和电子

战等武器装备性能。

美国宾夕法尼亚大学在国际上首次合成二维氮化镓材料。测试结果表明,二维氮化镓材料禁带宽度达4.98电子伏特,远高于三维氮化镓(3.42电子伏特),它具有更优异的抗辐照、耐高压、热传输等性能,将给电子元器件发展带来新的机遇。利用二维氮化镓材料,可制作大功率微波器件等电子器件及多光谱红外光电探测器、深紫外激光器等光电器件。将其用于军事领域,将大幅提升雷达探测、光电侦察、电子对抗等装备的战技性能。

战略与政策篇

一、美国出台顶层发展战略，维持全球领先优势

2016 年，随着国家安全形势的日益复杂，以及全球战略部署的逐步推进，美国出台多个国家顶层战略，推动在人工智能、网络安全、高性能计算等领域的能力建设和技术创新，力图通过在上述领域的发展，维持全球竞争优势。

（一）发布人工智能领域发展规划，谋求技术优势

2016 年 10 月，美国家安全与技术理事会网络与信息技术研究与发展小组委员会（NITRD）发布《国家人工智能研究与发展战略规划》报告。该报告分析了人工智能的发展现状，提出了 7 项优先战略发展事项和相关建议。

1. 阐述人工智能研究 3 大技术浪潮

报告指出，人工智能研究自起步以来，已推动产生 3 轮技术浪潮。第一轮浪潮是 20 世纪 80 年代基于规则的专家系统。这种系统的知识源自人类专家，以"如果—然后"的规则来表达，通过硬件来实现。尽管此类系统没有学习或处理不确定性的能力，但其仍能带来重要的解决方案和技术发展。第二轮浪潮是从 21 世纪初到现在的机器学习阶段。大量数字数据可用性增加、相对低成本的大规模并行计算能力，以及改进的学习技术，推动人工智能在图像和文字识别、语言理解和翻译等任务方面应用取得重大进展，带来了重要成果：智能手机语音识别、ATM机手写识别、机器翻译、电子垃圾邮件自动过滤等，而这一切的关键是机器深度学习技术的发展。尽管人工智能在特定任务执行过程中表现良好，但在各种认知领域功能方面进展不尽如人意。第三轮浪潮是目前开始的解释型和通用型人工智能技术。其目标是通过解析和修正界面来增强学习模型，阐释输出的基础性和可靠性，以高度透明的运作方式，能在广泛任务中推广。这种解释模型可通过高级方法自动构建，实

现人工智能系统的快速学习,使其更具通用性。

2. 列出人工智能领域 7 大优先战略发展事项

该报告指出,人工智能研究侧重于行业界难以解决的领域,在联邦投资中获得受益的可能性最大,需要重点发展以下 7 大优先事项:第一是对人工智能研究进行长期投资,包括推进以数据为中心的知识发现方法,增强人工智能系统的感知能力,理解人工智能的理论能力和局限性,进行通用型人工智能的研究,开发可扩展的人工智能系统,促进类人人工智能的研究,开发更有能力和更可靠的机器人,为改进人工智能提升硬件,为改进的硬件创建人工智能;第二是开发有效的人机协作方法,包括寻找人类感知的人工智能新算法,开发增进人类技能的人工智能技术,开发可视化和人机界面的技术,开发更有效的语言处理系统;第三是了解和处理人工智能的伦理、法律和社会影响,包括提高人工智能系统设计的公平、透明和问责能力,制定人工智能系统的道德参考框架,设计人工智能系统的道德架构;第四是确保人工智能系统的安全性和受保护性,包括提高人工智能系统的可解释性和透明度,建立与人工智能系统的信任,增强人工智能系统的验证和确认,制定人工智能系统针对攻击的安全策略,实现人工智能系统的长期安全;第五是开发人工智能培训和测试的共享公共数据集和环境,包括开发满足各种人工智能应用的数据集,使培训和测试资源能符合商业和公共利益,开发开源软件库和工具包;第六是通过标准和基准来衡量及评估人工智能技术,包括开发广泛的人工智能标准,建立人工智能技术基准,增加人工智能测试平台的可用性,使人工智能社区参与标准和基准制定;第七是更好地理解国家人工智能研发人才的需求,确保有足够的人工智能专家投入到本规划所提出的战略研发领域。

3. 提出确保上述优先事项发展的两条建议

该报告提出,美国联邦政府要支持上述优先事项的发展,并建议:制定人工智能研发实施框架,支持人工智能研发投资的有效协调。实施框架应根据每个政府机构的任务、能力和预算等情况,考虑其研发重点,设立资助计划,以协调执行人工智能的国家研究进程,NITRD 应考虑与现有工作组进行协调,成立以人工智能为研究重点的跨机构工作组。对国家人力资源环境进行研究,创建和维持健康的人工智能劳动力队伍。NITRD 应研究如何更好地表征和定义当前及未来的人工智能研发人员需求,确保足够的研发人员队伍,处理国家人工智能需求。

(二)发布量子信息科学发展报告,明确量子信息领域发展重点

2016 年 7 月,美国家科学技术委员会发布《先进量子信息科学:国家挑战及机遇》报告,总结了量子信息科学的应用前景,分析了美国在该领域发展所面临的挑战,以及目前的投资重点等。

1. 分析量子信息科学的应用前景

量子信息科学将在量子探测和计量、量子通信、量子模拟和量子计算等领域拥有广阔应用前景。其中,量子探测和计量应用包括原子干涉仪、量子授时装置、光子源及单光子探测技术;量子通信领域应用包括量子密钥分配、虚拟货币防伪、量子指纹鉴定、量子网络、远距离量子信息传输;量子模拟应用包括量子模拟器原型机研制、对特殊材料(如高温超导体)属性的理解、对复杂分子相互作用情况的预测,并探索出新的核物理与粒子物理模型;量子计算应用包括量子计算机、拥有数十个量子比特的量子计算系统。

2. 提出量子信息科学面临的挑战

报告指出,尽管量子信息科学目前取得了重大进步,但美国在该领域的发展仍面临一系列挑战。在体制方面,大部分量子信息科学研究都在现有制度框架内开展。量子信息科学的未来发展需要扩大不同部门之间的合作。超越体制藩篱,鼓励合作研究,将不同领域专业人员聚集在一起,将能够推进量子信息科学的更好进展。在教育和人员培训方面,单一学科教育已不足以支撑量子信息科学的继续发展。量子信息科学不仅是物理学问题,还涉及计算机科学和应用数学。电子工程和系统工程对于推动量子信息科学的发展也十分重要。在技术与知识的转化方面,随着量子信息科学逐步从实验室环境走向市场应用,有关知识必须从大学和国家实验室转移给私营领域的技术人才。目前,美国缺乏一个将实验室原型机转化为市场产品的工作框架;量子信息科学应用还不成熟,目前该领域的知识产权主要由大学垄断。此外,还缺乏具备相关能力的合格毕业生满足公司的专业技能需求。在材料与制造方面,量子信息科学应用的发展依赖于具有合适量子特性的材料,以及相关硬件制造能力。某些量子信息科学领域的发展已经受到量子材料制造能力的限制。量子信息科学应用的设计、集成及制造至今仍面临许多工程挑战。同时,研究经费的长期不稳定,对量子信息科学技术发展和人才培养造成了不利影响。

3. 阐释美国国防部对量子信息科学的投资

当前,美国政府每年斥资约 2 亿美元资助量子信息科学领域的基础和应用研究。美国国防部作为重要参与部门,其投资重点包括精确导航和授时、安全量子网络等多个领域。目前,国防部长办公厅支持的"三军量子科学与工程项目",将联合军兵种实验室,开发可扩展的量子网络以及实用化的量子存储器,验证高灵敏度传感器。陆军研究实验室启动了一项基础研究工作,将联合空军研究实验室、学术界以及工业界,研究一种多站点、多节点的模块化量子网络。美国防先期研究计划局(DARPA)将持续资助量子信息科学不同领域的项目:①"量子辅助传感与读取"项目寻求研发在低于或近于标准量子极限条件下工作的传感器;②Quiness 项目正在探索改进量子通信的各种方案;③"光学晶格仿真器"项目旨在模拟原子系统中量子材料的属性;④"量子纠缠科学与技术"项目寻求克服量子信息科学领域突出挑战的创新性方案;⑤近期启动的"光子探测的基础极限"项目旨在研发促进光子探测器建模与制造方面革命性进步的创新方案。

(三)发布网络空间顶层战略,提升国家网络安全能力

2016 年 2 月,美国总统奥巴马宣布推出"网络空间安全国家行动计划",通过一系列短期和长期行动计划,提升联邦政府、私营部门和个人的网络安全能力,维持美国全球数字经济的竞争力。

1. 阐述美在网络安全领域取得的主要进展

成立了"加强国家网络安全的委员会",该委员会由政府机构之外的顶级战略、经济和技术领域专家组成,主要是对未来10年加强网络安全应采取的行动提供建议,加强公共和私有行业网络安全,保护隐私,维护公共安全以及经济和国家安全,培养新技术解决方案的发现,鼓励联邦政府、各州、地方政府和私有行业在网络安全技术、政策和最佳实践方面的发展。

通过立法制定一项31亿美元的"信息技术现代化基金"。该基金旨在推动政府信息技术的现代化,转变政府是管理网络安全的方式,实现对那些难以保证安全且维护成本昂贵的信息技术资产的报废、置换和现代化。同时,设置首个联邦首席信息安全官,推动政府在网络安全领域的改革。

保障个人网上账户安全。国家网络安全联合会发起一项新的国家网络安全意识运动,重点关注对个人账户的多因素认证,为个人账户提供简单和实用信息。国家网络安全委员会还与谷歌、脸谱、微软等高科技公司,以及MasterCard、Visa等金融服务公司合作,为个人网上账户提供安全保障。同时,联邦政府实施一项新计划,推动政府采用高效的身份凭证和多因素认证方式,并对联邦政府对减少社会安全账号依赖性进行审查。

投资190亿美元用于网络安全。与2016年相比,联邦政府2017年在网络安全领域的投资增加35%。这些资金将使各机构能提高网络安全能力,帮助私有行业组织和个人更好保护自身,破坏和威慑敌对行为,更有效应对网络安全事件。

2. 提出加强美国网络安全的新举措

除上述行动外,联邦政府还应采取以下措施,确保美国网络安全。

加强联邦网络安全。包括:利用信息技术现代化基金对各机构信息技术基础设施、网络和系统进行现代化升级；各机构需确认和优化其最高价值和最大风险的信息技术资产，并采取确保这些资产安全的措施；国土安全部、公共服务管理局和其他联邦机构将提高信息技术和网络安全政府范围内共享服务的可用性；国土安全部通过拓展 EINSTEIN 和持续性诊断与缓解项目提高联邦网络安全；国土安全部正将联邦民用网络防御小组的数量大幅增加到 48 个，保护整个联邦政府民用机构的网络、系统和数据；通过诸如网络安全国家倡议项目这样的工作，提高国家范围内的网络安全教育和培训，雇用更多网络安全专家保护联邦机构的安全。

保护个人数据安全。包括：采用更安全的多要素身份认证方式保护个人账户安全；联邦政府加快采用强大的多要素认证和身份验证，为公民提供更安全的政府数字服务；联邦贸易委员会发起可报告身份盗用的一次性终止资源计划；中小企业管理局、联邦贸易委员会、国家标准与技术研究院和能源部为多达 140 万中小企业和利益攸关方提供网络安全培训；联邦政府已提供了超过 250 万的更加安全的芯片 PIN 支付卡，在财政部的管理下，将所有读卡器更换为这项新技术。

提高关键基础设施的安全和弹性。包括：国土安全部、商务部和能源部正在筹建"网络安全弹性国家中心"，使企业和其他机构能在可控的环境中测试系统安全性；国土安全部将使网络安全顾问数量增加 1 倍；国土安全部正与 UL 公司及其他工业伙伴联合建立"网络安全保障计划"，对联网设备进行测试和认证；国家标准和技术研究院正在对提高关键基础设施网络安全性的"网络安全框架"收集反馈意见；"国家网络安全卓越中心"将继续为高优先级网络安全挑战开发和部署技术解决方案。

投资开发新的安全技术。包括：发布新的《2016 年联邦网络安全研究和发展战略规划》，推动网络安全技术研发；政府将与各机构开展合作，为常用网络设备提供资金和安全。

威慑、阻止和破坏网络空间恶意行动。包括：加强与 G20 盟国和伙伴的合作,对某些重要准则进行制度化,构建信任;司法部对网络安全相关行为增加23%以上的资金,提高确认、破坏和捕获恶意网络分析的能力;美国网络司令部正在建立一支由133个分队组成的网络任务部队,将在2018年具备完全作战能力。

此外,在网络事件响应方面,联邦政府将公布一项国家网络事件协调政策和相关评估方法,对网络事件进行评估,使政府机构和私营行业保持有效沟通,提供持续性响应;在保护个人隐私方面,建立永久性联邦隐私委员会,确保更多战略性和综合性联邦隐私指导方针的实施。

(四)发布网络空间安全研发规划,全面指导网络空间安全技术研发

2016年2月,美国家科技委员会(NSTC)发布《2016联邦网络空间安全研发战略规划》(以下简称"战略规划"),对2011年12月《联邦研发规划(可信网络空间)》进行更新和扩展,聚焦网络空间安全研发,全面指导联邦网络空间安全技术研发。

1. 定义3个中长期研发目标

近期(1～3年)目标:通过有效和经济的风险管理实现科技进步,对抗对手的非对称优势。

为实现此目标,相关机构需详细了解网络空间的各种漏洞和威胁,这涉及到基于证据的风险管理,包括开发有效、可测量的控制。机构须获得上述控制的效力和效率证据,并考虑与用户、开发者、操作者、防御者和对手有关的人力要素。实现这一目标能够加强对恶意网络空间活动有效措施的了解,从而降低恶意网络空间活动发生的可能性和整体网络空间安全风险。

中期(3～7年)目标:通过持续安全系统开发和运行实现科技进步,对抗对手的非对称优势。

该目标分为两个部分:第一个是设计并部署对恶意网络空间活动具有较高抵抗能力的软件、固件和硬件;第二个是开发有效、可测量的技术和非技术安全控制,这些控制考虑到了与网络空间有关的人类行为和经济动力。机构须在不给用户造成过多负担的情况下将其防御的效力和效率提高几个数量级,为恶意网络空间活动的实施增加难度,从而削弱此类活动的动力。

长期(7～15年)目标:通过拒止和溯源实现科技进步,从而形成对网络空间恶意行动的有效和经济威慑。

中期目标为增加对手实施恶意网络空间行动成本、降低收益奠定了基础。衡量恶意活动所需的投入和可能的后果对于理解威慑的程度至关重要。高度可信的取证能力可以在可行动的时间框架内确定犯罪分子,并且不会影响言论自由和匿名性,因此提高了发现犯罪分子的可能性,也为他们增加了负面后果,从而迫使他们自行放弃恶意活动。

2. 明确实现上述目标所需的4个防御要素

威慑:通过衡量并增加对手实施恶意网络空间活动的成本,降低收益,为潜在对手增加风险和不确定性,有效慑止恶意网络空间活动的能力。

防护:组件、系统、用户和关键基础设施有效抵抗恶意网络空间活动并确保机密性、完整性、可用性和问责的能力。

检测:有效检测甚至预测对手决策和活动的能力,因为绝对安全是不存在的,所以应假设系统无法抵抗恶意网络空间活动。

适应:防御者、防御和基础设施通过有效应对破坏,从破坏中恢复,在完全恢复的过程中持续操作以及适时调整以挫败未来类似活动,动态适应恶意网络空间活动的能力。

3. 阐释网络空间研发的6个关键领域

科学基础:联邦政府应支持为解决未来威胁建立理论、经验、计算和数据挖掘基础的研究。稳固、缜密的网络空间科学基础能够确定测量方法,可验证的模型以及正式框架,并且预测能够代表网络空间系统和流程基本安全动力的技术。

风险管理:有效的风险管理手段要求能够评估恶意网络空间活动

发生的可能性以及可能产生的后果,并正确量化成功漏洞攻击和风险减缓的代价。及时并且与风险相关的威胁情报信息共享能够提高组织评估和管理风险的能力。

人力因素:社会科学家在网络空间安全研究中的合作参与不仅有助于解决人员—系统互动面临的挑战,还可以增加对网络空间安全社会学、行为学和经济方面的了解以及如何提高合作的风险管理。

实践转化:开发并验证新兴和创新技术;操作者需要将解决方案整合到现有工业产品和服务中。有效的技术转化计划必须成为所有研发战略的一部分,并且依赖于可持续、重要的公私合作关系。

网络空间安全力量:人员是网络空间系统的重要组成部分,能够对安全(或不安全)产生多种影响。战略规划的成功与否在很大程度上来说取决于能否扩展并保留充足的多样化、高技能网络空间安全研究人员,产品开发人员以及网络空间安全专业人士。此外,研发提供的工具提高了网络空间力量的生产力。

研究基础设施:联邦政府应鼓励为研究共享高保真数据集,并为主动与研究人员共享敏感数据的组织提供保护。在研究基础设施方面的投入不仅应该支持计算机科学家和工程师的需求,还应为其他存在网络空间安全研究挑战的领域提供支持。

4. 提出实现战略规划愿景的 5 条建议

建议 1:将基础、长期研究作为联邦网络空间研发重点。包括:稳步增加联邦和私营部门网络空间安全研发,并且将基础研究和长期、高风险研究计划作为重点,使整个美国从中受益。在联邦政府对信息技术研发,特别是网络空间安全研发的投资中,应将基础和长期网络空间安全研究作为优先领域。随着基础研究成果的成熟,长期研究计划应用于实践并支持应用和近期研究,同时,大幅增加私有资源的依赖程度也是合理的。

建议 2:降低门槛,鼓励公共和私营组织参与网络空间安全研发。包括联邦机构应通过为通用研究基础设施提供资金,降低网络空间安全研发市场准入的门槛,从而降低小企业、新创公司以及学术机构的准入成本,并提高其在研发活动中的参与。

建议3:评估并确定能够加速将有效和高效证据—验证网络空间安全研究结果转化为技术。包括联邦机构应致力于开发一系列标准许可或其他知识产权协议,可被用于促进联邦资助计划的技术转化。利用所有可能实现灵活技术转化期限的工具,以鼓励公共参与并使商业更好地利用政府资助的研究,包括商业化研究。

建议4:扩展网络空间安全研究界专家的多样性。包括多学科研究应由资金机构和研究机构推动。各机构应确保向多学科计划开放拨款请求和拨款审查流程。研究机构应确保升职决策在考虑传统职位标准的同时也考虑到多学科研究成果在非传统期刊和会议上的发布。

建议5:扩展网络空间安全力量的多样性。包括研究探索方法,使更多人将网络空间安全作为职业选择,并在招聘和保留人才方面引入多样性。基于群体的教育计划应使公众了解到网络空间安全的重要性,提高公众意识,鼓励年轻人将网络空间作为追求的事业。该领域现有的专业人士应积极指导并证明这一职业对社会、经济、国家安全领域以及他们工作和生活的社区产生的积极影响。

(五)发布网络安全规程实施计划,提升网络空间安全水平

2016年3月,美国国防部公布《网络空间安全规程实施计划》(以下简称"实施计划")更新版。此举是落实《国防部网络战略》和"国防部网络安全行动"的具体举措,有助于保证国防部数据安全、降低国防部任务风险,提升美军网络空间安全水平。

1. 列出网络安全规程实施的目的、终端状态和方法

目的:在司令官、网络司令部和国防部首席信息官的协调下,该实施计划指导指挥官和主管人员,落实完成优化排序的四项工作措施,通过"防御战备报告系统"(DRRS)系统,降低网络安全风险,以及实现网

络战备报告的作战化,这些网络是各自为保障使命所拥有、管理或租借的信息系统。

终端状态:保持国防部环境较高的、专业化的网络安全战备的持续状态,要求国防部各种非保密、机密、绝密(TS)的信息系统能提供任务保障,这些系统包括国防部信息项目、特殊接入项目、任务系统,以及战略、战术和RDT&E系统。

方法:为了提高指挥员和主管人员对各自信息系统关键的网络战备情况的认识和问责,DRRS和网络安全记分卡包含了战备报告的相关要求。国防部的各级领导负责确保各自拥有、管理或租赁的信息能力,已经达到所需要的网络安全等级。

2. 明确实现国防部网络安全的4项工作措施

加强身份验证:在国防部网络上减少匿名,以及强制各种行为的检查和问责,提高国防部网络的安全态势。建立行之有效的身份验证和账户接管的关联管理。指挥官和主管人员将集中注意力保护高价值资产,如服务器和路由器,以及拥有特权的系统管理员访问。

设备加固:指挥官和主管人员必须通过正确配置、漏洞修补和禁用邮件中的活动内容,防止常见的漏洞探查技术。这些措施对挫败敌人在国防部网络飞地中提升特权和自由机动至关重要。

减少攻击面:通过从国防部信息网络(DoDIN)骨干网中移除面向互联网的服务器,确保国防部非军事网络(DMZ)中面向互联网的服务器符合运维要求,消除与外部认证服务的信任关系,指挥官和主管人员将减轻来自基于互联网敌人的安全威胁。指挥官和主管人员必须确保,只有授权设备才能够从物理和逻辑上访问国防部信息基础设施。

与网络安全/计算机网络防御服务供应商合作:在边界、DoDIN、以及所有国防部网络上进行网络监测,确保能够对潜在的入侵行为进行快速确认和与做出响应。需要与计算机网络防御服务提供商(CNDSPs)进行网络和信息系统合作,以减轻网络安全威胁,并能为网络战士提供准确、及时、可靠的信息。指挥官和主管人员要为CNDSP提供标准化的信息。

CNDSPs 将对应急方案进行演练,验证应急方案的程序、用户文件、通联信息和沟通机制。

(六)发布新版信息技术未来发展报告,确保信息技术环境安全可靠

2016 年 8 月,美国国防部发布《信息技术环境:面向未来战略格局的途径》报告,指出国防部当前网络和计算系统的数量与种类不断增多,信息技术环境日益复杂,需要对其实施优化,并提出改善信息技术环境状况的 8 项目标。

1. 分析国防部信息技术环境的现状

该报告指出,美国国防部目前拥有 130 万现役军事人员、742000 名文职人员、826000 名国民警卫和预备役人员,管理着庞大的装备和设备设施,包括数万个操作系统、数百个数据中心、数万台服务器、数百万电脑和设备,以及成千上万的商业移动设备,业务范围覆盖指挥控制、全球物流、健康医疗、情报、设施管理等,信息技术环境十分复杂。在此环境下,国防部用于执行特定任务的网络和计算系统数量不断增加,加剧信息技术环境的复杂程度,限制网络环境的可见性,阻碍了信息的安全共享,以及与全球任务合作伙伴联合执行任务的能力,且操作和维护成本高昂。

2. 明确国防部信息技术环境未来愿景

该报告指出,在新的信息技术驱动下,国防部正处于综合办公自动化和跨部门统一职能的协作环境中,为国防部所有部门和个人分享和交流信息提供大量工具和服务。为应对持续的网络威胁,确保国有资产随时按需获得,建立综合、弹性、动态、安全和可响应的信息技术环境十分必要。要实现此环境,国防部要加强对信息技术投资的监管力度,对云计算、数据中心整合、可信信息共享等能力进行改进,保持与任务合作伙伴和行业合作伙伴的沟通交流,确保与任务相适应的网络安全。

3. 提出实现高效安全信息技术环境的 8 项目标

为确保美国国防部信息技术环境更加安全、可靠和高效,该报告提出了以下 8 项目标。

实施"联合信息环境"(JIE)能力计划。"联合区域安全堆栈"(JRSS)是近期 JIE 能力计划的重点,是一个基于区域的、网络安全设备集中管理的套件,将简化并保障当前国防部信息技术环境的安全。其子目标包括:增强 JRSS 和相关网络;从组件的集中管理模式转移到企业范围内的运行和防御模式;对"国防信息系统网"(DISN)基础设施进行现代化升级。

加强与任务伙伴及工业界的合作。合作伙伴包括"五眼"情报联盟、北约、德国、日本等。国防部信息技术交流项目(ITEP)将在 2017 年底前扩大到 50 个政府、民间组织以及 50 个工业界组织,并与盟友展开合作,形成相关政策、程序和文件。其子目标包括:发展与私营部门的合作关系;加强与关键盟友和合作伙伴的信息共享,简化能力和作战准备;为任务伙伴提供环境 – 信息系统(MPE – IS)支持。

确保网络威胁环境下任务的成功执行。国防部首席信息官将修改认证和认可流程,与合作伙伴密切合作,并在 2017 财年第二季度前将所有国防部主要网络切换到 Windows10 运行环境,以确保面对技术先进的网络对手时的任务可靠性。其子目标包括:建立弹性网络防御;增强网络态势感知;确保面对高度复杂网络攻击时的生存能力;加强网络安全人才建设;确保作战、政府运行和情报任务在一个安全的通信环境下进行。

建立国防部云计算环境。国防部将在 2017 财年第四季度前获得云服务管理能力,这将有利于降低复杂性,提高灵活性和可靠性,便于任务的完成和降低运营成本。同时,能够增加流动性、虚拟化,并将虚拟服务整合至国防部战略环境中。其子目标包括:提供一个混合云环境;通过国防部云环境部署国防部企业信息技术服务;加速新应用和数字服务的交付;确保国防部云环境的安全性。

优化数据中心基础设施。国防部将在2017财年第一季度初建立一个新团队,审查、评估不需要的数据中心。这将提供更大的运行和技术能力,提高互操作性和有效性,提高交付能力和安全评级能力,并有利于减少成本。其子目标包括:加强国防部数据中心和本地计算基础设施建设;将国防部应用和系统合理迁移至核心数据中心(CDC)和核心企业数据中心(CEDC)。

利用并加强可信信息共享。国防部正在制定一项为期2年的计划,旨在替换国防部信息系统的公共访问卡(CAC)。其子目标包括:将身份验证基础设施部署到动态控制信息访问授权用户;加强国防部与外部任务合作伙伴的信息共享;整合商业移动信息技术能力。

提供有弹性的通信和网络基础设施。将继续升级国防部信息网络(DoDIN)的通信带宽,如核指挥、控制、通信(NC5)和 C^4I 系统。其子目标包括:改进战略和战术通信网络;升级指挥、控制和通信系统;巩固和优化战略网关;建立端到端卫星通信能力;发展灵活的电磁频谱作战能力。

强化国防部信息技术投资的监督和执行。通过提高透明度,确保作出更明智的国防部预算决定。近期将确保网络安全优先投资的合理性,并确认网络安全开支的合理执行。其子目标包括:增加国防部信息技术开支透明度,改善和改革国防部信息技术金融系统;通过决策流程及早共享关键财务数据,加强国防部信息技术财务管理。

(七)发布信息环境下的作战战略,维持美军对敌优势

2016年6月,美国国防部发布《在信息环境下的作战战略》文件(以下称"战略")。该文件是对2014年国防授权法案的回应,旨在确保在动态的信息环境下,国防部各部门行动统一,各项工作能有效整合。

1.明确实现战略目标的9项实施途径

该战略旨在通过在信息环境下的作战和行动,使国防部具备能够

影响对手的决策和行为的能力。为实现此目标,国防部需要以下 9 大实施途径:提高国防部监控、分析、鉴定、评估、预测和可视化信息环境的能力;更新联合概念以明确信息环境的挑战和机遇;将联合部队作为整体进行培训、教育,使其为信息环境下作战做好准备;培训、教育和管理信息作战的专业人员及作战人员;制定政策并指定执行机构,配以条令、战术、技术和程序,保持联合部队在信息环境下的灵活性,包括适应信息环境变化的能力;获得并保持足够的集中于信息环境下作战的能力和资源;使国防部在信息环境下的作战与美国政府的其他行动保持整合和同步;培育美国及联军作战、行动和活动的公信力、合法性和可持续性;建立和维护持久的伙伴关系。

2. 提出实现战略目标的 4 项实施手段

该战略指出,国防部应从人员、项目、政策、伙伴关系方面采取措施,实现信息环境下的战略目标。

在人员方面,将指挥官、工作人员、联合部队作为一个整体进行培训和教育,使其为信息环境下的领导、管理与作战做好准备;对信息作战专家与作战人员进行培训、教育,使其能够在信息环境下有效作战;管理信息作战专业人员、作战人员和组织,以满足新兴作战需求。

在项目方面,建立国防部执行信息环境下作战的当前能力的基线评估;发展国防部与作战部队对信息环境的参与、评估、鉴定、预测和可视化能力;结合国防部网络战略与联合信息环境的施行,发展并保持适当的信息环境下有效作战功能和能力;开发并维持准确评估信息环境下作战影响的能力;采用、调整和开发新的科学技术,帮助国防部在信息环境下有效运作。

在政策方面,发展和调整信息环境相关概念、政策和指导意见;确保与信息环境作战相关的条令基于过去的教训和最佳做法;对机构及其权限进行发展和更新,使其不相互冲突,以便能够在信息环境下有效作战。

在伙伴关系方面,建立和维护美国国防部和政府机构间的伙伴关系,使政府在信息环境下的整体运行更加有效;保持与非政府实体的互动,以利于信息环境下的联合作战;建立和维护国防部同国际伙伴之间的合作;培养、改进并充分利用合作伙伴的功能与能力。

二、俄罗斯发布指导性战略,强调信息安全体系建设

2016 年,随着俄罗斯国内外安全形势和信息安全环境的不断变化,以及国防工业改革的逐步深入,俄相继推出信息安全和军工综合体发展战略,指导俄信息安全体系建设和国防工业建设。

(一) 发布《信息安全学说》,明确俄面临的信息安全威胁

2016 年 7 月,俄罗斯联邦安全局发布新版《俄联邦信息安全学说》(草案)(以下简称"学说")。该学说分析了俄联邦面临的信息安全威胁,明确了俄国家机构确保信息安全活动的遵循原则,提出了发展和完善信息安全体系的措施。

1. 分析俄在信息安全领域面临的主要威胁

该学说指出,俄罗斯在信息安全领域面临以下主要威胁:

(1) 信息技术使用领域越来越广泛,各国利用信息技术进行地缘政治、军事政策等多元化目的越来越频繁,这对俄罗斯构成潜在威胁。

(2) 国外不断增强的信息技术能力可能给俄罗斯造成威胁,包括用于关键信息技术设施的各种信息技术,并且对俄罗斯国家机关、科研机构、军工企业的技术侦察活动可能将更加频繁。

(3) 个别国家的专业机构及受监督的社会机构积极使用信息通信技术,包括通过利用大众媒体散播不实言论等方式,破坏俄罗斯国家内政和社会稳定。

(4) 各类恐怖组织和极端势力积极运用信息技术手段危害个人、团体、社会意识,恶化各国关系,并可能破坏各种信息基础设施。

(5) 网络犯罪规模不断扩大,通过运用各种信息系统和网络通信

手段,泄露公民个人隐私和数据。

(6)在提升信息通信技术及产品竞争力方面,俄罗斯与先进国家相比尚存在一定差距,存在科研效果不明显、前沿信息技术研发尚不高效、国产化率较低、信息安全领域人才培养不足等问题,容易受到其他国家出口政策影响。

(7)个别国家企图利用全球信息空间领域的技术优势,获取经济和地区政治优势。

2. 明确了俄国家机构确保信息安全活动的遵循原则

(1)保障公民在信息领域的法律权益与社会关系平等,俄罗斯公民享有搜索、接收、发送、产生各种信息的权力,保障俄公民可通过合法途径自由使用信息。

(2)保持公民和社会信息自由交流的内在需求与相关机构对于信息传播中国家安全和信息安全维护之间的平衡。

(3)保障足够的力量和资源,以确保国家信息安全,并持续监测存在的各项威胁。

(4)在俄信息安全保障行动中遵循社会原则和国际法则。

3. 指出俄信息安全领域亟待解决的任务

作为俄罗斯在保障国家信息安全领域的政策基础,该学说指出了俄信息安全领域一系列亟待解决的任务,主要包括:

(1)切实保障公民和各类组织实施信息领域合法活动的权利。

(2)监测并评估俄信息安全现状,预测并发现信息安全威胁,确定预防和消除潜在威胁的优先方向。

(3)规划、实施并评估用于发现、预防和实施有针对性消除信息安全威胁所造成的后果。

(4)组织相关活动并协调俄信息安全保障力量。

(5)完善在法律规范、组织与技术、侦查、信息分析、人力资源等方面的保障。

(6)制定并实施关于对从事信息安全保障设备研发、生产的企业,以及从事信息安全领域教育的机构给予国家扶持的相关措施。

4. 提出了发展和完善信息安全体系的措施

针对俄在信息安全领域面临的或潜在威胁,以及亟需解决的任务,该学说建议采取以下措施,进一步发展并完善俄联邦信息安全体系。

(1)加强联邦、跨地区、区域、城市和具体对象(信息化对象、信息系统和通信网络运营商)各层级的信息安全保障力量的垂直与集中管理。

(2)完善信息安全保障力量的形式和相互作用方式,提升其应对信息领域威胁的适用性。

(3)完善信息安全保障体系的信息分析与科技保障职能。

(4)提升国家机关、地方自治机关、其他所有制形式机构、公民之间在解决信息安全领域各项任务时的协作效果。

(二)发布军工综合体国家发展纲要,引导俄未来 5 年军工综合体优先发展

2016 年 5 月 16 日,俄总理梅德韦杰夫签署了《俄联邦军工综合体发展国家纲要》(第 425 - 8 号政府令),旨在以创新潜力带动军品竞争力的提升,有效促进军工综合体良好发展,带动军工企业创新潜力的显著提升,俄军品在国际军贸市场的稳步发展,军工企业投资与生产总额的稳固提升,军工人员潜力的有效激发,智慧潜能的全面挖掘。

1. 对 2016—2020 年俄军工综合体发展进行整体规划

该纲要明确,促进俄军工综合体发展的优先国家政策包括:保障俄军武装力量的列装;形成较强的军事技术储备,实现军工企业技术现代化改造,提升军品竞争力;完善军工企业管理体系,包括建立一体化军工企业;保障军工综合体的创新发展,积极开展各种国际合作;激发军工企业的人才潜力等。在此政策支持下,预计到 2020 年创新产品比例将达到 39.6%,军工企业人均生产速度将提升超过 2 倍,军工企业从事民用产品生产将提升近 1 倍。

2. 对未来五年的投资预算予以明确

与以往军工综合体发展计划相比,该纲要具有十分突出的特点,即对未来 5 年军工综合体发展的预算资金大幅缩减,每年预算仅为 60 ~ 80 亿卢布,与《俄联邦 2011—2020 年军工综合体目标纲要》所规划的每年 3000 亿卢布相差超过 30 多倍。

此外,纲要明确提出,要转变国防工业产品结构,提高军工企业开展民用产品生产的比例,促进航空、航天、信息技术等科技密集型领域的高技术、有竞争力的民用及两用技术产品的生产,确保到 2020 年前,民用产品生产量提升约 30%,促使军、民品生产比重持平,从而促进俄国防工业发展。

三、日本发布顶层战略文件,指导未来 20 年装备技术发展

2016 年 8 月,日本发布首个指导武器装备技术发展的《防卫技术战略》顶层战略文件。该战略分析了高超声速武器、无人机、反卫星武器等世界装备技术发展的新趋势,提出日本防止技术突袭的应对举措。基于该战略,防卫装备厅发布了《2016 年中长期技术规划》,制定了未来 20 年日本在无人机、精确打击、情报感知、电子攻防等 18 个装备技术领域的发展方向。

(一)发布防卫技术战略,规划未来 20 年装备技术发展

2016 年 8 月,日本防卫省发布《防卫技术战略》(以下简称"战略"),对未来 20 年防卫技术发展进行宏观规划,强调日本应加强对先进装备技术的跟踪和研发,采用有利于技术创新的项目管理手段,培育和挖掘具有潜在军事应用前景的先进民用技术,通过自主研发和国际合作开展研究,强化产官学协同创新,推动日本装备技术创新发展。

1. 明确战略发布的目的

该战略指出,在亚太安全格局出现深刻变化、中俄等国军事科技发展迅速的背景下,日本应重视发展颠覆性技术和"未来技术",积极与美国"第三次抵消战略"相配合,与英、澳、印等国开展密切军工合作,力求针对中俄形成长期军事技术优势,确保日本在装备技术领域的主导性,并在军贸竞争中保持一定的议价能力,在确保防卫能力建设的优先性和一致性的基础上,保证高效和有效地生产优质武器装备。

2. 强调推动防卫技术发展应遵循的 3 项原则

一是技术的去边界化、多用化发展。日本应重视防卫技术与民用技术间的相互转化。二是防卫装备的复杂化、高性能化,促进国际合作研发范围的扩大。当今武器装备正朝着复杂化、高性能化方向发展,军事技术领域的国际合作已不可避免,日本应通过合作强化军工生产能力,同时应分析本国防卫能力,确定优先发展的技术能力顺序。三是防卫装备"转移"将带来风险。日本应在推进防卫装备"转移"、国际合作的同时,加强知识产权保护,要考虑所"转移"的技术是否会被他国用作军事用途,是否会对日本安全产生影响等。

3. 提出实现战略目的的 3 项政策措施

一是掌握技术情报,包括民用技术情报和"改变游戏规则"的前沿技术情报,并制定中长期技术的评估策略,把握防卫装备相关领域的科学技术发展动向、国内外现有防卫装备的功能、性能、相关技术,以及国外武器装备发展的未来动向;二是技术培育,发展防卫能力领域的基础技术,同步制定技术发展计划,包括《中长期技术评估》和《研究开发展望》,积极应对科技革命,并加强与美、欧、澳、印和东盟国家的合作交流;三是技术保护,为切实保障技术转移的实施,需加强对防卫省现有技术的管理和知识产权保护,同时,要培育具备从庞大民用技术中发掘军用潜力的人才,通过战略的发展,使日本企业能够开发更为先进的技术。

（二）发布技术评估报告，阐述未来军事技术的发展方向与重点

2016年8月，日本防卫省发布《中长期技术评估》报告（以下简称"技术评估"），明确了日本防卫装备厅未来20年的技术发展重点和具体方向，旨在引导日本防务科研部门发展"改变游戏规则"的前沿技术，确保日本防务领域的技术优势。

1. 提出日本未来军事技术发展的4大方向

根据未来技术发展趋势，以及日本现有优势技术领域，"技术评估"明确了日本未来军事技术发展的4个重点方向：无人技术，重点发展自主化技术、编队控制技术和电源技术等；智能化、网络化技术，重点发展具有高度自主性、智能化，且可快速处理海量情报信息的人工智能技术，以及可抵御网络攻击的广域分散情报通信系统技术；定向能技术，重点发展高功率激光、微波等定向能武器以及电磁脉冲弹等；现有装备功能及性能升级，发展武器系统小型化、轻量化能力，以及能提高装备隐身性能和情报收集能力的技术等。

2. 明确未来重点发展的国防电子装备和技术

"技术评估"提出，未来20年，日本应在以下国防电子装备和技术领域取得突破，并明确了每个领域的技术发展重点。

情报搜集和侦察技术。重点发展新型雷达、声纳、光电传感器、复合传感器、电磁信号监测等相关技术。

电子战防御技术。重点发展电磁隐身技术以及电磁脉冲防护技术等。

网络空间技术。重点发展网络靶场技术、网络弹性技术、装备系统网络防御技术、自主网络防御技术、网络脆弱性分析、公开情报收集和分析技术等。

指挥与控制、通信、电子攻击技术。重点发展指挥通信技术、辅助决策技术、电子攻击技术、水下网络技术等。其中，辅助决策技术是通

过综合运用各种传感器获得的情报,辅助指挥官适时作出正确判断的相关技术;水下网络技术主要指水声数据链技术。

综合评估技术。重点发展综合模拟技术、电子战模拟评估技术等。其中,综合模拟技术主要指在武器系统研发初期使用的作战模拟系统、装备系统性能定量分析模拟系统等。

3. 未来重点发展的基础前沿技术

为了支撑上述装备技术领域的持续发展,"技术评估"认为,日本应重点发展以下具有重大军事应用前景的基础前沿技术:储能技术、太赫兹技术、电磁超导推进技术、生物传感器技术、新材料、水下声纳成像技术、量子加密技术、量子测量和量子传感器超材料、新能源、人工智能和认知计算、微机电系统、超燃冲压发动机、脉冲爆震发动机、能量无线传输技术、变形飞行器、触觉传感器等。

四、欧盟首次发布《网络与信息系统安全指令》,强化成员国网络安全整体协作

2016 年 7 月,欧洲议会通过《网络与信息系统安全指令》(以下简称《指令》)。《指令》是欧盟出台的第一份有关网络与信息系统安全的指导性法案,旨在加强欧盟成员国在网络与信息系统安全方面的合作,增强欧盟网络与信息系统安全风险管理水平和事故应对处理的能力。《指令》要求从国家层面提升网络安全的能力,加强欧盟成员国间的合作,完善和强化基本服务运营商和数字服务提供商的风险管理和安全事故报告制度这三方面,发展欧盟的网络与信息系统安全能力。

(一)在成员国层面提升各国网络安全能力

《指令》要求欧盟各成员国应尽快采取行动,将《指令》纳入本国法律,并制定提出具体的战略目标、政策及监管措施,从而实现和保证高

水平的网络与信息系统安全。具体行动包括：制定工作框架，明确政府和相关责任者的角色和责任；制定风险和事故防范、响应及恢复措施；加强政府与私营部门的合作；加强网络与信息系统安全国家战略培训，制定培训计划、培训课程和宣传方案；制定网络与信息系统相关战略的研发计划；制定风险评估计划；制定实现网络与信息系统安全国家战略的参与方目录清单。

《指令》特别强调欧盟各成员国要成立一个主管机构负责本国网络与信息系统安全工作，并监督《指令》在国家层面的落实，同时还应建立联络机构，负责在主管机构、其他成员国相关机构间的联络与协作，主管机构须将收到的安全事故通报传达给该联络机构。

此外，《指令》还要求欧盟各成员国应组建一个或多个计算机安全事故响应小组（CSIRT）参与本国网络与信息系统安全相关工作。确保CSIRT有权获取国家级通信和信息基础设施方面信息；CSIRT要对国家层面的重大事件进行监测，就网络安全风险和事故向相关利益方提供早期预警、警报、通知、信息传递等；积极应对网络安全事故，并及时将事故处理过程上报给本国网络与信息系统安全主管部门；提供动态网络安全风险、事故分析和态势感知报告，参与国家CSIRT网络建设。

（二）成立合作组，加强欧盟成员国间合作

为促进欧盟各成员国间战略合作和信息交流，实现高水平的网络与信息系统安全，《指令》要求2017年2月前成立一个合作组。合作组由各成员国代表、欧盟委员会、欧洲网络与信息安全局（ENISA）组成，必要时合作组可邀请利益攸关方代表共同参与工作。

该合作组将每两年制定一次工作计划，并以此为基础，对计算机安全事故响应小组（CSIRT）工作提供战略指导；协助成员国加强网络能力建设；支持成员国对基本服务运营商的鉴别；交流公布事故及做法；共享信息；及时总结战略合作经验。

（三）完善和强化基本服务运营商和数字服务提供商的网络与信息系统风险管理和安全事故报告制度

《指令》要求基本服务运营商平时应采取适当的安全措施，以防止和减少基本服务过程中的网络和信息系统安全事故；且要求在发生严重安全事故时应及时向主管机构部门报告。《指令》提出了三个参数对事故的严重程度进行了界定，分别是：受影响的用户数、事故的持续时间、事故波及的区域及传播范围。

《指令》要求数字服务提供商在发生重大事故时应及时向主管机构部门报告，并提出了五个参数对重大事件进行界定，分别是：受影响的用户数、事故的持续时间、地理分布情况、服务中断的程度、对经济社会活动的影响等。数字服务提供商应制定必要的安全措施，具体要求包括：采取合理的技术和组织措施预防风险；安全措施应具备一定的安全级别，以应对风险；这些安全措施应能够预防和减少事故对提供服务的信息技术系统造成的影响。

（四）时间进度安排

《指令》明确了几个重要时间节点，包括：2016 年 8 月，《指令》正式生效；2017 年 2 月，组建完成欧盟范围内的合作组；2018 年 2 月，合作组制定工作计划；2018 年 5 月，欧盟各成员国将《指令》纳入本国法律；2019 年 5 月，欧盟委员会公布成员国基本服务运营商评估结果；2021 年 5 月，欧盟委员会就该《指令》的实施效果进行评估，特别关注国家战略制定和业务合作开展情况，以及基本服务运营商与数字服务提供商涵盖的范围。

五、英国发布国防创新计划，加速创新技术研发和应用

2016 年 9 月，英国国防部发布《通过创新获取优势》文件，旨在通

过构建"本能创新"文化,制定战略规划,发展科学和技术等措施,维持英国武装力量的军事优势,使军队更好地应对不断变化的环境。

(一)明确了国防部推动创新的核心原则

其核心原则主要包括:采取广泛及系统化的方案,寻求将创新嵌入国防部的机构、人员、流程及文化,并对军事概念、新兴技术及能力发展进行更好集成;通过激励及奖励创新行为,培养"本能创新"文化;建立开放式创新"生态系统",利用国防部及其他国家安全部门的创新专业知识,与来自工业部门、学术界、盟友及伙伴的创新者建立有效、高效、多产的伙伴关系;使有前景的创新概念快速、经济可承受地转化为解决方案;采取战略驱动的解决方案,为国防部、负责创新交付的部门提供清晰的战略指导。

(二)提出国防创新的发展重点和方向

文件指出,英国防部将重点关注以下方面:建立对国防创新的了解;定义及传达国防部的优先事项;在最广泛范围内征求创新构想;加强利益相关者、合作伙伴的合作,赋予创新构想以生命,使创新解决方案成为现实。

为应对一系列国防挑战,国防创新的主要方向包括:提高军力投射能力;按照有利于英国的条件影响潜在敌人的选择;打造超越传统的武器系统;理解并做出有效决策;灵活适应未来战略环境;保持稳健的战略威慑;优化人才队伍。

(三)构建创新研究小组和加速创新应用的管理网络

文件指出,国防部将设立创新与研究深入见解小组,收集政府其他部门、学术界、工业部门及英国关键盟友的相关信息,以详细了解外部科技创新,并将相关知识与最紧迫的国防、国家安全挑战相结合,从而甄别出新兴技术及创新带来的威胁与机遇,向高层决策者提出战略与投资优先事项方面的建议,以防止战略突袭并维持军事与安全优势。同时,国防部将利用"国防与安全加速器"这一管理网络加快创新构想从概念到应用交付的进程;与政府采购机构合作,推动创新解决方案的应用。

(四) 设立 8 亿英镑的国防创新基金

英国防部设立了总额约 8 亿英镑的"国防创新基金",支持未来 10 年的创新解决方案开发与交付。该基金将用于通过开放竞争程序选出的国防部内外最佳创新概念投资上,以应对国防部最紧迫的挑战。首个国防挑战将于 2016 年 12 月发布,而针对该挑战的"创新基金"将于 2017 年年初公开招标。

此外,英国防部还将高达 20% 的科学与技术项目用于"颠覆性能力",寻求提供作战优势、行动自由,以及来自英国领先军事能力的政治和经济效益,具体包括:可以降低英国对高成本、复杂弹药依赖性的未来武器系统;改变国防部人才征募、部署及训练方式的措施;应对复杂环境的新型自主系统。

六、澳大利亚发布新版国防白皮书,加强国防电子领域能力建设

2016 年 2 月,澳大利亚国防部发布 2016 版《国防白皮书》(以下简称"白皮书"),对澳大利亚在 2035 年前可能面临的安全挑战及所需要的应对能力进行了审查评估,阐释了国防部如何通过投资在未来更加复杂战略环境下提升国防能力。

(一) 展望 2035 年前澳大利亚面临的 6 项安全挑战

美中的作用及其关系将继续成为印度洋 - 太平洋地区最为重要的战略因素。澳大利亚安全与防御规划的核心是一个稳固及深度的联

盟。美国将继续保持其全球军事大国的地位,并仍将是澳大利亚最为重要的战略伙伴。澳大利亚将寻求拓展及加深与美国的联盟,包括支持其通过持续的军事"再平衡"战略,发挥支撑印度洋－太平洋地区安全的关键作用。澳大利亚也将在未来几年与中国扩大防务关系。

全球秩序的稳定是澳大利亚安全及繁荣的必要因素。澳大利亚政府致力于为全球安全行动作出实际和有效的军事贡献,以维持基于规则的全球秩序,应对符合澳大利亚利益的共同安全挑战。

未来20年,澳大利亚将继续受到国内外恐怖主义的威胁。澳大利亚政府将继续对美国领导的对抗"伊斯兰国"全球联盟贡献重要力量,并将加强国内反恐能力。

邻近地区的不稳定会给澳大利亚带来战略影响。澳大利亚政府将继续在为周边地区提供人道主义及安全援助方面发挥主导作用。

保持澳大利亚对潜在敌人的技术及能力优势是澳大利亚政府战略规划的一个必要元素。未来20年,本地区大量军队将拥有更大的作战距离、更精确的打击能力,而其他国家也正在广泛开展军事现代化项目。

网络空间及空间领域复杂的新型非地缘安全威胁将成为澳大利亚未来安全环境的一个重要组成部分。网络威胁能够对澳大利亚政府机构、关键基础设施等部门进行攻击,其造成的影响远超国防部能力。空间军事化限制前景不乐观。

(二) 明确澳大利亚3个战略防御目标

为确保国防部具有必要兵力结构和姿态保护澳大利亚战略防御利益,澳大利亚政府明确了3项高级别战略防御目标,指导未来部队发展。

一是维护本国的安全及弹性,威慑、阻止及挫败敌对国家或非国家行为体一切攻击、威胁或控制澳大利亚的企图,以及北方交通线的攻击或威胁,提高国家网络安全能力;

二是与南太平洋岛国各政府合作,确保邻近地区的稳定和安全,包括东南亚及南太平洋地区的海上安全,帮助东南亚国家建立有效应对

安全挑战的能力;

三是维持印度洋 – 太平洋地区的稳定以及基于规则的全球秩序,与盟友和其他国际伙伴密切合作,动用包括指挥、情报、通信等能力打击恐怖主义,保护海上交通线安全。

(三)重点加强 ISR、空间、电子战和网络能力

在情报、监视和侦察(ISR)领域,国防部将进一步加大投资,增强国防部和军队情报搜集、监视和侦察能力,包括:升级澳大利亚目前的防空网络,以及引入包含信息加强处理能力的现代化新型全源情报系统;增强澳大利亚国防军通过使用 P – 8A"波塞冬"海上监视飞机和高空侦察 MQ – 4C"赖特"无人机对澳大利亚安全情况进行监控的能力;在空间领域,通过对包括天基传感器在内的天基系统进行投资,增强情报搜集、通信、导航、定位和监控能力,加强与美国在空间监视和态势感知能力上,包括建立由两国联合操作的 C 波段雷达空间监视,以及美将在澳部署光学空间监视望远镜;在电子战领域,国防部和军队要保护雷达、指挥和控制、通信和情报系统,加强指挥和控制,以及其他频谱管理系统,以支持电子防御和攻击的联合方法,引入 12 架 EA – 18G"咆哮者"电子战飞机;在网络安全领域,国防部与多个机构网络中心合作,保护澳大利亚在网络安全领域利益,加强对国防部、军队和其他政府系统免受恶意网络入侵和破坏网络的能力,增强国防部和军队网络的弹性,增加网络人员数量等。

(四)阐释提升澳大利亚国防工业能力的新举措

这些新举措包括:充分利用中小型企业力量,加大对未来能力、基础设施和人员技能的投资,加强国防部和军队与工业界关系,建立新型合作关系,简化招标和承包流程,在国防能力需求与工业部门的交付能力之间建立更好的联系,精简国防部、军队众多产业和创新计划,使其形成两类具有明确和可衡量防御能力的关键举措——一种为新型的国

防工业能力中心,另一种为国防创新的新举措。

未来10年,澳大利亚政府将斥资2.3亿美元资助新型的国防工业能力中心,并将国防部和军队与国防工业创新和专业能力相连接,建立具有竞争力且可持续发展的国防工业基础。该中心将提供能帮助澳大利亚国防工业建设其技能和能力的建议及资助;为中小型企业提供支持,包括协助企业进入全球供应链市场;收集国防部、国防军的创新需求信息,以支持澳大利亚国防工业创新能力的发展。

国防创新的新举措包括国防部、军队、工业界及国家研究中心在创新领域合作,提高防御能力,充分利用先进技术和创新解决方案,推动创新想法的实际转化,投资新技术研发、建设产业竞争力,加强与盟友与国际合作伙伴关系,未来10年斥资6.4亿美元建立新型虚拟防御创新中心,通过创新技术为国防部和军队提供能力优势。

系统篇

进入 21 世纪以来,军用信息技术日新月异,推动军事电子信息系统快速发展。总体来看,2016 年军事电子信息系统主要呈现以下几个特点:

指挥控制系统功能进一步完善,增强多方面作战能力。指挥控制系统是作战的重要信息系统,是掌握战场制信息权的基础和先决条件,指挥控制系统现代化,可确保作战信息优势,并全面提升部队战斗力。目前世界军事强国继续完善指挥控制系统功能,增强多方面作战能力。一是美、俄、法重视完善战略指挥控制能力,力图确保作战信息高效安全;二是美、俄升级战术指挥控制系统,提高局部战场指挥能力;三是无人控制系统发展迅速。

战略通信系统能力继续提升,战术通信系统和国防信息基础取得新进展。卫星通信一直是战略通信能力重点发展方向,美、欧、印等加快传统卫星通信系统部署。为提升通信系统对情报、监视和侦察装备的支撑能力,满足战术战役的作战相应需求,美俄积极发展先进战术通信系统。一是稳步推进国防基础设施建设,提升服务能力。二是加速战术通信系统发展,提高战术通信能力。三是数据链系统持续发展,重点加强平台通信能力。

稳步推进情报、监视与侦察装备发展,态势感知能力不断提升。情报、监视与侦察装备一直是军事强国近年来建设重点,取得了多项关键性进展。一是美国继续稳步推进可探测外层空间、大气层、水面和水下及陆上目标的预警探测系统的建设,顺利开展天基红外系统研制工作,推进现役预警机、预警雷达升级。二是俄罗斯构建以天基和陆基为主的预警探测系统,开展首颗导弹预警卫星在轨试验,重启"第聂伯"导弹预警系统雷达站,进行新型预警机及"铠甲" - SM 防空系统的研制工作。

电子战能力备受重视,装备技术发展提速。美国推进设立电磁频谱作为独立作战空间,同时增加经费投入,全面提升电子战能力;美、俄、法等国继续推动电子战飞机发展,增强空中电子战能力;反无人机、

认知电子战等技术快速发展,促进整体能力提升;高功率微波、激光武器取得新进展

卫星导航系统竞争激烈,微惯导航系统稳步发展。美国继续推进GPS现代化计划,GPS Ⅲ卫星建造工作进展顺利。俄罗斯发射GLO-NASS–M卫星,提高导航定位精度。欧洲"伽利略"系统年内发射6颗卫星,总在轨卫星数量达到18颗。印度卫星导航系统取得重大进展,完成卫星组网。美国继续推进非卫星导航技术发展,多方面取得进展。

网络空间装备发展迅速,美国取得新突破。美国重视网络空间装备的发展。2016年,美国网络装备取得新进展:一是两款体系化的网络武器具备全面作战能力;二是能够提升国防部、各军种作战能力的网络、节点和基础设施有了新突破。

一、指挥控制系统

指挥控制系统是支撑指挥员对所属兵力进行指挥控制的信息系统,任务涉及侦察指挥、作战指挥、武器控制指挥等,功能包括接收并处理战场信息、形成综合态势,支撑指挥员和参谋人员进行作战筹划、制订作战计划、发布作战命令、监控作战行动。

(一)战略指挥控制能力备受重视,多方面得到加强

战略指挥控制系统具有非比寻常的意义,备受世界军事强国重视。2016年,美、俄、法从多方面加强其战略指挥控制系统建设。

1. 美国举办首届多国指挥控制互操作性计划研讨会

6月,美国国防信息系统局(DISA)国际关系与交战办公室举办第一届指挥控制互操作性计划研讨会。指挥控制互操作性计划旨在向盟国和战略合作伙伴提供并与其协同实施关键的指挥控制信息标准,供各级作战指挥官使用,提升联合作战时指挥控制系统的互操作性。

DISA国际关系与交战办公室是指挥控制互操作性计划的领导机

构,负责制定指挥控制互操作性标准,下设多个指挥控制互操作性委员会。指挥控制互操作性委员会通常每年召开两次会议,交换美国批准的联合标准,并基于这些标准执行配置管理,以满足参与国独特的指挥、控制、通信、计算机和情报需求。

此次研讨会重点讨论了三大目标:一是加强各作战司令部之间的信息共享;二是探索实施该计划的新途径,以在整个动态环境中提供更大的灵活性;三是实现下属各指挥控制互操作性委员会管理方式的标准化,解决每个作战司令部的特有需求。

2. 美国推进多任务卫星操控中心建设

年初,美空军在2017财年预算中向国会申请2000万美元,将相互独立的卫星地面系统过渡到通用地面系统——"企业级地面服务"的通用平台的建设,新系统的目标之一是提高自动化程度,使空军人员更加专注于空间防护工作,而不是日常的飞行操作,这是美空军航天司令部的最高优先事项之一。美空军计划利用该预算发展小型原型"多任务卫星操作中心"(MMSOC)的能力,使其技术成熟化。MMSOC架构可即插即用,易于升级和更新维护,安全性可靠,被美空军视为未来卫星地面控制系统的核心。

3. 美国对核指挥和控制系统进行全面现代化升级

5月,美国审计署公布美国管理核武器的指挥和操作系统仍在使用8英寸磁盘、IBM Series/1计算机,以及其他50年前生产的计算机硬件。目前,美国正在全面升级核指挥和控制系统,这些遗留的系统和过时的技术将逐步退役,被最新的数字化软硬件所取代。到2017年底,主要用于核指挥控制的软盘将被安全数字卡替换,预计2020年完成整个现代化升级计划。

4. 法国升级指挥控制系统,增强三军互操作性

2月,法国国防采办局和武器装备总署与泰利斯公司签署SIA C2计划合同,以升级法国陆军和海军的指挥控制系统功能。根据合同,泰利斯公司将用一个统一系统来代替陆军和海军原有的指挥控制系统,该合同是 SIA 信息系统转型计划的组成部分。SIA 信息系统转型计划的目的是快速交付一个三军完全通用的作战指挥控制系统。

为使法国陆军、空军和海军在联合作战中相互支持,需要在指挥结构和通信网络上实现更紧密的集成。未来两年,SIA C2 计划将把法国陆军和海军的指挥信息系统集成至新一代系统,为联合军事行动提供各级信息交换的通用工具。

5. 俄罗斯提升战略指挥控制能力

1 月,俄罗斯国防部发言人德米特里·安德列夫少校称,俄罗斯战略导弹部队将在 2020 年前全面应用数字数据传输技术。该计划将大幅提升部队效能,包括缩短管理周期并改进指挥决策过程。该计划还包括一系列提高通信安全性的措施。

7 月 27 日,俄罗斯沃罗涅日飞机制造厂展出俄国防部最新型战略空中指挥中心。该指控中心是俄罗斯第三代空中指挥中心,主要职能是在战时指挥控制俄武装部队和战略核力量,确保俄罗斯拥有可靠的核报复能力。与前两代相比,新指控中心搭载在改进型伊尔－96－400宽体飞机上,连接新型自动化通信管理系统,具备更先进的指挥控制和通讯能力。指挥中心可在面临核武器打击时使用,可指挥包括俄战略火箭部队、空天军、水下和水上舰队等。

（二）升级战术指挥控制系统,确保作战信息优势

美、俄通过升级指挥控制系统,逐步完善指挥控制功能,继续增强信息共享能力与战场空间态势感知能力、提升作战效能。

1. 美国空军推进分布式通用地面系统升级

2016 年,美国空军继续推进分布式通用地面系统(DCGS)的现代化工作。美国空军分布式通用地面系统(AF－DCGS)可使空军具备全球情报、监视与侦察能力,并为其提供各种情报来源的信息,包括向联合特遣部队指挥官及下属部队提供经由各种探测器获得的时间关键目标及直接威胁预警信息。它能够使军事分析家和运营专家从载人与无

人 ISR 空中平台中访问大量数据,这一平台采用的是美国联合技术公司(UTC)宇航系统部的情报收集传感器,例如 MS-177、SYERS 等。DCGS 也连续提供跨越多个谱域的按需情报共享,以便于美国与同盟国部队能快速预测与改变战场中事件的过程。

2. 美国海军采购护卫舰通用作战管理系统

2016 年 8 月,美国海军与洛克希德·马丁公司签订价值 6790 万美元合同,为未来护卫舰开发、集成和交付"基于作战管理系统组件的 21 世纪全舰系统"(COMBATSS-21)作战管理系统,同时还提供相关的技术数据服务。

目前,美国海军"自由"级和"独立"级近海战斗舰分别安装了不同的作战管理系统,即洛克希德·马丁公司设计的 COMBATSS-21 和诺斯罗普·格鲁曼公司设计的"综合作战管理系统"。美国海军将近海战斗舰项目调整为未来护卫舰项目后,为提高水面作战效率,计划在所有护卫舰上采用通用的作战管理系统。为此,美海军对近海战斗舰两种作战管理系统进行了详细评估,并得出结论,认为仅 COMBATSS-21 满足通用作战管理系统的要求,不会导致未来护卫舰设计和采购方面出现不可接受的延期。根据美国国防部的要求,美海军将于 2018 财年选择一种护卫舰船体设计,其作战管理系统均将采用 COMBATSS-21。

COMBATSS-21 基于"宙斯盾"基线 9 的通用源数据库,可以在护卫舰、巡洋舰、驱逐舰、"宙斯盾"岸上站点、国际船只、近海战斗舰和国家安全舰中实现通用性。采用通用作战管理系统,将有助于提高美国海军整个水面舰队的通用性,是未来实现"分布式杀伤"概念的重要一步。COMBATSS-21 通过使用通用源数据库,可减少集成、测试和认证成本,提高其全寿命周期中的承载能力,最终提高整个海军舰队的可承受性和互操作性。

3. 俄罗斯配备、测试新型战术指挥控制系统

1)俄罗斯战略火箭兵配置第 5 代作战指挥自动化系统

俄罗斯战略火箭兵从 2016 年开始使用第 5 代一体化指挥自动化

系统。新系统改用现代化通信手段和数字化信息交换技术,实现了作战指令的数字化传输,并可控制导弹进行更精确的瞄准,作战指令可直接传达至各级指挥所和导弹发射单元,可保障战略火箭兵各级部队全天候实时遂行任务。

2) 俄军测试"星座"战术级指挥自动化系统

9 月 5—10 日,俄军举行"高加索 - 2016"指挥司令部演习,对最新部署的"星座"战术级指挥自动化系统进行了测试。该战术级指挥自动化系统可用于平时和战时救灾、反恐和维和等行动。系统按照战术部队的编制结构配置相应的自动化设备和通信节点设备,可有效保障对战术部队的持续、稳定、自动化指挥,并能通过实时反馈敌军信息辅助指挥员决策,并确保自身系统安全。

(三)无人控制系统发展迅速

2016 年,无人机、无人潜航器系统快速发展,与此同时,无人控制系统也发展迅速。

1. 美海军无人潜航器通用控制系统通过测试

年初,美国海军水下作战中心基波特分部开展了一系列测试和演示,其中无人潜航器通用控制系统(CCS)软件通过了测试。在测试过程中,美海军第五潜艇发展中队无人潜航器分队的操作人员,利用 CCS 软件开展了一系列监视与情报侦察任务。CCS 软件将预先编好的指令任务,通过无线电链路发送到"大排水量无人潜航器"的自主控制器上,无人潜航器可机动到目标区域并采集图像,并通过 CCS 系统的显示器反馈给操作人员。

CCS 是一种具备通用架构、用户接口和组件的软件系统,可以被集成到无人系统平台上,能够为无人系统提供通用管理、任务规划、任务管理等能力。此次通过测试,表明 CCS 软件具备对"大排水量无人潜航器"进行指挥控制的能力。美海军最初只计划将 CCS 部署到无人机中,但海军作战部长办公室无人系统项目办发布的"无人系统发展路线图"表明,CCS 软件可适应空中、水面、水下和地面的各类无人系统。

2. 美航空母舰列装首套舰载无人机控制中心

4 月,美海军"卡尔·文森"号航空母舰安装了首套无人机控制中心,达到重大里程碑节点。此控制中心将用于操控目前还处于研发阶段的 MQ－XX 无人机。MQ－XX 是 X－47B 测试定型后的产物,将在 2020 年代中期投入使用,是美国海军首款舰载无人作战飞机,可执行空中加油和侦察等任务。美国海军计划逐步推广 MQ－XX 无人机系统,并将"卡尔·文森"号航空母舰的实际经验应用于其他航母。据悉,停靠于诺福克港的"艾森豪威尔"号航空母舰也将于 2017 年安装此控制中心,正在建造的航空母舰未来都将具备操控舰载无人机的能力。

3. "科罗拉多"号近海战斗舰将搭载新型无人机控制系统

4 月,雷声公司和美国海军航空系统司令部已经完成 MQ－8"火力侦察兵"先进任务控制系统研发,将部署在"科罗拉多"号近海战斗舰上。美国海军和雷声公司分别负责硬件和软件研发,使"火力侦察兵"可在近海区域获得可靠、灵活的任务指示。该系统使得美国海军无需置于危险环境中进行操控,即可完成相关作战任务。系统硬件和软件都采用开放式架构,灵活性高,可快速植入所需的新技术。

二、军事通信系统

军事通信系统主要承担信息传输任务,是连接综合电子信息系统各功能单元的桥梁和纽带。2016 年,世界各国继续推进军事通信系统的建设,大力发展卫星通信系统,提高卫星通信服务能力;推进国防信息基础设施建设,提升安全服务能力,升级国防通信网络;加快战术通信系统发展,增强态势感知能力;发展新型数据链,提升平台之间的无缝通信能力。

(一) 大力发展卫星通信系统,提高卫星通信能力

卫星通信覆盖面广,不受地理条件限制,组网灵活,可以将指控中

心、作战单元、情报监视侦察系统连接在一起,形成一体化信息化战场,在信息传输中扮演着越来越重要的作用。2016 年,美国继续推进宽带全球通信卫星(WGS)、移动用户目标系统(MUOS)、先进极高频卫星通信系统(AEHF)建设,并发展可满足应急通信需求的纳卫星,提升全球通信能力。英国"天网"-5A 通信卫星东移至亚太地区,增强英军在此地区的通信能力。意、法、印等国也陆续发射通信卫星,补强卫星通信能力。

1. 美国发射多种通信卫星,增强卫星通信服务能力

宽带全球卫星系统、移动用户目标系统、先进极高频卫星通信系统是美军未来卫星通信体系的核心,分别提供宽带、窄带和受保护卫星通信业务。2016 年,美国继续推进 3 大卫星通信系统建设,并取得新进展,尤其是移动用户目标系统实现全球覆盖,即将全面运营。

在宽带卫星通信方面,WGS-8 通信卫星于 2016 年 12 月 7 日发射升空。该卫星是首个经过升级的 WGS 卫星,较之前的 WGS 卫星通信带宽扩大 45%,下行链路带宽可达到 8.088 吉赫,可传输更多的数据流量。WGS 卫星运行于地球同步轨道,设计寿命 14 年,工作于 X 和 Ka 波段,通信容量为 2.1~3.6 吉比特/秒,为美军和国际用户提供宽带通信能力。目前,共有 8 颗 WGS 卫星在轨,还有 2 颗 WGS 卫星处在研制阶段。这 2 颗卫星将集成波音公司的新型数字信道器,进一步提高美军宽带卫星通信能力。

在窄带卫星通信方面,MUOS 系统是美军新一代窄带战术卫星通信系统,其通信容量是现役特高频后续卫星的 10 倍,可向移动用户(如飞机、舰艇、地面车辆、徒步士兵)提供超视距的话音、视频和数据通信能力。MUOS 系统包括 4 颗工作星、1 颗备份星和 4 个地面站。MUOS-5 于 2016 年 6 月 24 日成功发射升空,但在发射后由于推进系统出现故障,未能成功进入预定轨道,但经过测试和修正后,11 月 3 日,MUOS-5 终于成功进入预定轨道。加上 2012—2015 年发射升空的MUOS-1、MUOS-2、MUOS-3、MUOS-5 四颗卫星,覆盖范围扩大至全球(包括极地)。目前,由通用动力公司和洛克希德·马丁公司分别承建的 4 个地面站已经交付美国海军,分别位于夏威夷瓦细阿瓦、美国弗吉尼亚切萨皮克、澳大利亚杰拉尔顿、意大利西西里岛尼谢米(2015 年2 月交付)。MUOS 系统还包括一个网络管理系统和一种综合宽带码分多址(WCDMA)波形,设计用于为遍布全世界的用户提供先进的通信能力。该系统在 2015 年实现全面运营,2016 年实现了完整星座搭建,并将服役至 2025 年。MUOS 完整系统将在未来 10 年甚至更长时间内,提供类似 3G 的蜂窝通信能力。

在受保护卫星通信方面,AEHF 系统为美陆海空三军提供受保护、抗干扰、全球覆盖的卫星通信。自首颗卫星于 2010 年 8 月发射以来,现已有 3 颗卫星在轨运行,AEHF - 4、AEHF - 5 和 AEHF - 6 卫星分别计划于 2017 年、2018 年和 2019 年发射。2016 年 6 月,美国空军向洛克希德·马丁公司授出 4800 万美元合同,实现 AEHF 系统从初始运行能力到全面运行能力的转换,AEHF 系统将取代军事星系统,AEHF 系统不仅能够降低成本,而且能够提升连通性,每颗卫星都能够提供比整个军事星星座更大的通信容量,传输速率也将提高 5 倍,同时具有实时传递视频、战场地图、目标数据等功能。预计 AEHF 系统将于 2018 年7 月完成部署。

在多波段卫星终端方面,美国海军部署多波段终端(NMT),传输速率将提高 4 倍。2016 年 8 月,美国海军与雷声公司签订价值 910 万美元合同,未来 6 年内向 300 艘舰船、潜艇和岸上设施交付高速多波段卫星终端(NMT)。NMT 采用双天线,用户在海上同时使用军用波段。舰船将能够使用 Q、Ka 和 X 波段,潜艇可以使用 Q 和 X 波段,两者都可以计入全球广播服务(GBS),同时,岸基站也将必须使用 Q 波段。NMT传输速率可达 8 兆比特/秒,比美海军现有终端提高了 4 倍,可传输话音、数据和视频,其不同的宽带型号可实现与国防卫星通信系统(DSCS)和宽带全球卫星通信系统(WGS)之间的通信。此外,美海军还希望利用 NMT 实现与某些盟军间的通信,此次合同中的 300 套系统,

97% 交付至美国海军,3% 交付至英国军队。

2. 欧洲发射首颗激光通信卫星

2016 年 1 月 28 日,欧洲"空间数据高速公路"(EDRS)项目的第一颗中继卫星 EDRS - A 卫星发射入轨,该项目将提供空间高速激光通信,速度可达导 1.8 吉比特/秒。

"空间数据高速公路"项目是欧洲航天局主导的合作项目,空客防务与空间公司作为该项目的主要承包商,负责提供部分资金、制造并运营该系统,以及使之商业化,德国航空航天研究中心(DLR)也参与投资和地面部分的开发与运营。利用 EDRS - A 卫星等通信中继卫星,"空间数据高速公路"系统未来能够从对地观测卫星、无人机、侦察机甚至空间站转发大容量的信息。受益于极高的激光通信速率以及中继卫星的地球同步轨道定位功能,卫星每天可安全传输 50 太字节的数据,且近乎实现实时传送。EDRS - A 卫星是"空间数据高速公路"系统的首个通信节点,定位在欧洲东经 9 度上空。这一轨道位置将使 EDRS - A 卫星与轨道观测卫星以及定位在欧洲、非洲、拉丁美洲、中东和美国东北海岸上空的无人系统建立激光链路。"空间数据高速公路"系统第二颗专用卫星 EDRS - C 将于 2017 年发射,用以保证冗余并扩大覆盖面积。第三颗 EDRS 卫星将定位在亚太地区上空。目前,欧洲委员会正在使用欧洲航天局对地观测项目中的 4 颗"哨兵"-1 和"哨兵"-2 卫星,成为"空间数据高速公路"的首位客户,这 4 颗卫星配备激光通信终端,将大大加快时敏数据和大容量数据向地球监测中心的传输。在处理危机和自然灾害时,信息更新对政府部门制定最合适的应急响应方案至关重要。

3. 欧洲通信卫星公司发射一颗通信卫星

2016 年 3 月 9 日,欧洲通信卫星公司 EutelSAT - 65 - West 卫星成功发射。EutelSAT - 65 - West 卫星由美国劳拉空间系统公司制造,重约 6600 千克,可提供 C 波段、Ku 波段和 Ka 波段服务,设计寿命超过 15 年。该卫星将被定位于西经 65 度的位置,用于向拉丁美洲地区、特别是巴西的用户提供高清数字电视信号、视频传输服务、互联网接入服务等。

4. 印度发射 1 颗通信卫星,卫星通信能力进一步提升

2016 年 10 月,印度 GSAT - 18 通信卫星成功发射,并进入地球同步轨道。该星重 3404 千克,载有 48 个 C - 波段通信转发器,在轨寿命 12 年,改善了印度空间研究组织(ISRO)目前的电信卫星星座情况,将为印度提供更好的电信服务。GSAT 系列卫星由印度自主研制,采用 C 波段和 Ku 波段,提供通信、电视广播、天气预报、灾难预警和搜救服务,目前共有 8 颗卫星在轨运行。

5. 白俄罗斯发射首颗通信卫星

2016 年 1 月,白俄罗斯通信卫星一号成功在我国西昌卫星发射中心发射,准确进入预定轨道。白俄罗斯通信卫星一号是白俄罗斯共和国首颗通信卫星,共有 38 路 C 波段和 Ku 波段转发器,质量为 5200 千克,设计寿命 15 年,主要用于白俄罗斯及覆盖地区的广播、电视、通信、远程教育和宽带多媒体服务。

(二)推进国防信息基础设施建设,提升安全服务能力

2016 年,美国继续推进联合信息环境建设,加速联合区域安全堆栈升级与部署,持续推进数据中心整合,提升安全服务能力;俄罗期全面推进战略导弹部队通信系统数字化进程;法国国防部将升级国防通信网络。

1. 美国继续推进国防联合信息环境建设

1)拟订联合信息环境 IT 产品与服务采购计划

2016 年 11 月,美国国防信息系统局完成 Encore Ⅲ 招标阶段。Encore Ⅲ 是关于联合信息环境的 5 年期 IT 产品与服务采购计划,涉及网络安全评估与授权、信息通信技术、计算机 - 电话集成等 19 个不同领域,总金额达 175 亿美元。目前正在进行中的 Encore Ⅱ 为期 10 年,总金额 120 亿美元,将于 2018 年结束。

2）加速联合区域安全堆栈升级与部署

2016年,美国国防部和各军种加速联合区域安全堆栈(JRSS)部署与升级。国防信息系统局继续与空军合作推进 JRSS 1.5,与海军和海军陆战队合作开发 JRSS 2.0;陆军已将 19 个站点纳入 JRSS 中,将于2017年完成 JRSS 的部署;空军计划在2017年10月前完成 JRSS 的部署;海军也正在部署 JRSS,已从2016年夏天开始,用约3年的时间,将53个专网迁移到 JIE/JRSS 环境。

3）美国持续整合数据中心

2016年3月5日,美国政府问责局发布数据中心整合情况报告称,国防部原有数据中心3193个,其中核心数据中心12个,非核心数据中心3181个;截至2015年8月已关闭538个(占17%);计划到2019年9月30日共关闭1402个(占44%)。8月,美国政府监管机构发布报告称,国防部未能完成预定关闭40%的数据中心的整合目标,实际只关闭了18%。由此,美国国防部建议对数据中心整合计划进行修订,建立专门团队负责确定"成本高、效率低的设施",列出需要关闭的数据中心清单,持续推进数据中心整合。

4）更新网络身份凭证

2016年6月14日,美国国防部首席信息官宣布:美国国防部将用2年的时间逐步停止以通用访问卡(CAC)作为信息网络登录时的身份认证手段,改而采用包括生物特征、行为分析、个人数据信息分析等工具的多因素认证方式。主要原因包括:一是 CAC 卡自身存在局限性,包括容易丢失或损坏,难以用于智能手机、平板电脑等多种移动设备,不能同时接入多个系统,成本较高等;二是美国希望各盟友都使用一致的网络身份凭证;三是虹膜扫描、行为分析等技术已现实可行。

5）构建云计算与安全三层框架

2016年4月,美国国防信息系统局云投资组合主管提出"边界外商业云"方案,即"军事云2.0",由商业云服务提供商在国防部信息网络上构建、运维云能力,其提供的云服务将通过国防信息系统局的服务目录获取。7月,国防信息系统局提出"国防部云计算与安全三层框架"。根据该框架,国防部云计算将分为三层,各层实施相配套的安全保护:第一层为"传统计算与数据中心",由国防信息系统局或国防部其他组成部门运行、维护几个传统的数据中心,对核指挥控制等一些核心、高密级业务提供存储、计算、访问等服务;第二层是"边界内私有云",即"军事云 1.0",由国防部信息系统局采用商业技术在国防部信息系统网上构建、运行和管理云能力,适用于 5~6 级信息和数据;第三层为"边界外商业云",即"军事云 2.0",适用于 2~5 级数据。这三层相互补充,共同推进国防部的云能力。

6)开展作战测试,检验实际效果

2016 年 2 月,美国国防部发布《作战测试与评估年度报告》称,迄今为止,尚未对联合信息环境的基础设施或组件开展任何作战测试。美国国防部作战测试与评估局正在与国防信息系统局、联合互操作测试司令部协调,拟在 2016 年对联合信息环境进行一次作战测试,并将关注联合区域安全堆栈的互操作性和实际使用效果。美国国家安全局官员则透露,将在 2016 财年对联合信息环境的安全性进行一次深度评估。

2. 俄罗斯、法国升级国防通信网络

1)俄罗期全面推进战略导弹部队通信系统数字化

2016 年 1 月,俄罗斯国防部发言人称,按照当前的速度,俄罗斯战略导弹部队将在 2020 年前全面应用数字数据传输技术。近几年,俄罗斯战略导弹部队数字化进程不断推进。2009—2012 年,数字通信系统已交付战略导弹部队的指挥站点使用。2013 年,战略导弹部队通信中心和训练设施进行了现代化改造。近两年,俄罗斯接收了新型数字信息传输系统,用于导弹发射位置定位;接收了诸多现代化通信设备,包括数字无线电中继设备、可进行保密和非密通信的自动通信站,以及国防部保密网络的本地计算部分;卫星和射频雷达设备也进行了升级。

2）法国国防部将升级国防通信网络

2016 年 3 月，法国国防采办局和泰勒斯公司签署合同，将升级法国国防部所有数据和电话基础网络。合同主要包括两项内容：一是升级"苏格拉底"（SOCRATE）防御网络。该网络是法国国防部基础网络框架的核心，升级后网络将连接 100 多个战略站点、25 万余个用户，网络的防御性、可扩展性和数据传输速率将大幅提高。升级后，该网络将并入泰勒斯公司的耐信视图，国防部信息通信局可通过该视图全面、实施监控网络，快速处理网络突发事件。二是部署"庞加莱"（POINCARE）网络。泰勒斯公司将与奈科斯特公司合作，部署"庞加莱"网络，实现法国本土及海外 1200 多个站点的互联互通。"苏格拉底"网络升级工作计划 2017 年开始，2021 年完成；"庞加莱"网络部署计划 2018 年完成。

（三）发展先进战术通信系统，提高战术通信能力

2016 年，各国推进战术通信系统发展，提高战场态势感知能力。美国陆军推进战术级作战人员信息网（WIN‑T）研究，提高战术网络千兆无线通信能力，提升"动中通"能力；英国升级"弓箭手数字通信系统"；美国和俄罗斯均不断开发新型战术无线电台。

1. 美英升级战术无线网络

1）美国陆军为战术网络增加千兆无线能力

2016 年 1 月，美国陆军部署 Aruba 公司开发的指挥所 WiFi 套件，推进其建立战场战术网络的能力。指挥所 WiFi 是一种 IEEE 802.11 套件，包括室内和室外千兆无线接入点、7000 系列云服务控制器以及 AirWave 网络管理工具。它是一种千兆保密无线系统，采用国家安全局批准的加密算法，可为军事 WiFi 无线网络的非密信息和大部分保密信息提供密码。美国陆军将在战术级作战人员信息网（WIN‑T）中使用该套件，使移动部队建立 WIN‑T 访问的时间从小时级缩短至分钟级，为其提供安全、鲁棒的无线网络接入。

2）美陆军测试增强型战术作战人员信息网"动中通"能力

战术作战人员信息网（WIN－T）可实现地面部队与通信卫星和机载网络的链接，为地面部队提供"动中通"能力。WIN－T增量1系统可为营级或营以下部队提供话音、数据和视频的"快停中通信"能力，使士兵能够在无需建立复杂通信设施的情况下进行通信。WIN－T增量2系统主要用于师、旅、营、连的网络链接，提供"动中通"能力。

2016年10月，美国通用动力公司宣布，WIN－T增量2的两个关键能力的改进版本——精简版战术通信节点（TCN－L）和精简版网络运行与安全中心节点（NOSC－L），已在美国各地陆军设施中进行了测试和评估。TCN－L和NOSC－L均被集成至高机动性多用途轮式车辆（HMMWV）中，并未集成在重达5吨的中型战术车组（FMTV）上，减小了所占空间，更加便于运输，增强了部队的远程作战能力。TCN－L和NOSC－L降低了美国陆军移动战术通信网部署与运维的复杂度，同时，为指挥所提供了同样的组网和网络管理能力。通用动力公司已向美陆军交付了4部TCN－L和2部NOSC－L，主要用于测试和评估，并将作为2017年美陆军网络集成评估（NIE）17.2正式作战测试的先导部分，测试内容涉及广域网传输性能、安全性、抗电磁干扰能力。WIN－T增量2于2015年6月进入全速生产阶段，已部署至7个师级指挥部和14个旅级作战单位。

3）英军升级"弓箭手"数字通信系统

2016年3月10日，英国国防部宣布，英军正在对其"弓箭手"数字通信系统的12000个新的数据终端和战斗管理系统进行升级。3月底，DRS技术公司被选定为数据终端的供应商，于2018年开始交付升级的设备，取代老旧的数据终端。"弓箭手"系统的软件也将升级，使该系统使用更方便、数据服务速度更快、互操作性更强。

2. 美、俄推进无线电台研制

2016年，美国和俄罗斯均加紧研制新型无线电台：美国陆军开始研究"小型机载组网电台"，美国海军发展新型数字模块化无线电台、订购适用于网络中心战的网络电台;俄罗斯生产新一代智能无线电台,开发新型军用电台软件,研发新型防侦测干扰电台。

1)美国陆军发展小型机载组网电台

2016 年 8 月 11 日,美国陆军发布了"小型机载组网电台"(SANR)征求建议书草案,在行业内开展了对该机载组网电台的公开竞争。

SANR 将取代陆军航空平台使用的 ARC – 201D 电台,旨在提高士兵的话音清晰度、数据与视频传输能力、态势感知能力、友军跟踪能力。SANR 将为"阿帕奇""支奴干"和"黑鹰"直升机以及"灰鹰"无人机提供两种组网波形,即"士兵无线电波形"(SRW)和宽带组网波形(WNW),还能够提供广泛装备部队的"单信道地面与机载无线电系统"(SINCGARS)波形,以保证 SANR 的互操作性。

美国陆军计划在 10 年内采购 70000 套 SANR 电台,由于 SANR 集成到航空平台上复杂程度较高,美陆军将只与一个承包商签订一份不定期交付不定期数量(IDIQ)合同,以确保 SANR 生命周期内的平台集成、适航验证、波形互操作和战术通信等。授出合同后,承包商将西安提供 100 部 SANR,19 部利用"阿帕奇"直升机作为主要平台进行政府验证测试,81 部用于平台的集成、研发、测试与评估。

2)美国海军数字模块化无线电台提高先进高频通信能力

2016 年 8 月,美国海军与通用动力公司任务系统部签订补充合同,改进四通道 AN/USC – 61(C)数字模块化无线电台(DMR)的高频(HF)通信能力。该电台将采用第三代高频自动链路建立(ALE)技术,使无线电设备之间的传输速率提高了 24%,减少了静态以及其他阻碍清晰、干脆话音通信质量的噪声,同时,该项技术改善了美军及其盟军之间的通信,在卫星通信(SATCOM)网络过载或不可用时作为卫星通信的补充。高频通信能力的改善使船员与指挥官具备了先进的通信可靠性和高数据容量的通信优势,特别是超视距网络不可用时,在卫星链接能力或容量受限或不可用的地方,数字模块化无线电台还能够提供更高效的卫星通信备份方案。通用动力公司的软件定义数字模块化无线电台是美国海军任务中的关键通信枢纽,用于海军舰船和潜艇中。这些电台提供了宽频谱的军用话音和数据通信,包括超高频(UHF)卫星网络、甚高频(VHF)及视距无线电台、单通道低空无线电系统(SINC-GARS)以及其他战术电台。这些电台均装配了通用动力公司先进信息安全设备(AIM)加密芯片,并经美国国家安全局的确认,可携带 Type1 顶级及以下级别的秘密信息。此外,这些电台能够通过四通道中的任何一个信道进行不同安全等级的实时通信。目前,移动用户目标系统(MUOS)波形已加入到了数字模块化电台中,通过连接新的 MUOS 卫星通信网络,极大增强了美国海军超视距话音和数据通信能力。

3)美国海军向罗克韦尔·柯林斯公司订购网络电台用于网络中心战

2016 年 7 月,美国海军与罗克韦尔·柯林斯公司签署价值 2490 万美元的合同,旨在为美国海军提供先进的网络电台,用于网络中心战。

根据美国海军航空作战中心武器分部要求,罗克韦尔·柯林斯公司将提供 194 个 Quint 网络技术(QNT)电台、379 套相关硬件,并为 AN/ALQ - 231(V)"猛虎"电子攻击系统提供 36482 小时附带设备修正服务,以支持联合电子攻击兼容性办公室。

QNT 项目由美国国防先期研究计划局(DARPA)监管,旨在开发模块化网络数据链,在有人机、无人战斗机(UCAV)、武器系统、战术无人机、地面步兵部队之间建立多频带通信。QNT 技术将利用数据链把战术无人机、步兵、武器系统集成到未来数字战场,以用于网络中心作战,在作战中将采用分布式传感器平台来实时发现、锁定、追踪、攻击重要的静止或运动目标。该合同按计划将于 2021 年 5 月完成。

4)俄罗斯将生产新一代智能无线电台

2016 年 3 月,俄罗斯联合仪表公司表示,将于 2017 年开始批量生产新一代智能 MO1 数字无线电台,以替换当前仍在使用的上一代电台。新型电台采用包括软件定义无线电技术在内的最新通信技术,数据传输速率比上一代电台提高 1 倍,通信距离达 600 千米,能覆盖当前常用通信设备无法覆盖的"盲区",可提供复杂地况、偏远地区、复杂电磁环境,以及敌方强电磁干扰条件下的高速保密通信,且具有自动智能选择最佳通信信道和建立通信的功能。该电台质量的3.8千克,兼容多种通信模式,可军民通用。

5)俄罗斯开发新型军用电台软件

2016年6月,俄罗斯联合仪表公司开发出新的军用电台软件,使新一代Акведук电台仅通过软件升级,便可使指令和数据传输速率提升近10倍。新一代Акведук电台是俄军战术级指挥自动化系统的主要通信工具,可安装于各种轮式或履带式车辆,以及各种司令部指挥车和通信台站。该电台采用第六代通信技术对控制"核心"进行改进,具备抗干扰编码功能,大大提高了敌方电子干扰条件下的通信稳定性和可靠性。通过专用软件,电台性能明显提高,并更加智能化,可在基本无人操控的情况下自动维持和调谐通信,并能针对干扰或其他环境进行自适应。Акведук电台软件可经常升级,增加新功能,扩展新能力,而无需改变电台结构。

6)俄罗斯研发新型防侦测干扰电台

2016年9月,俄罗斯联合仪器制造公司表示,该公司新研发的防侦测干扰电台将于2017年完成测试。未来,该设备可替代卫星通信系统保障远程信息传输。新电台采用最新技术,通过宽带波形射频通信,使数据传输速率提升数倍,抗干扰和防窃听性能提高3倍,可有效保证在自然和预期干扰电磁环境下通信的可靠性。新电台可保障城市、山区、林区、荒漠、北极地区等各种地理条件下的稳定通信。

(四)发展新型数据链,提升平台通信能力

数据链在传感器、指控单元和武器平台之间实时传输战术信息,是满足作战信息交换的有效手段。2016年,美国及北约国家重视数据链发展,不断开发新型数据链,推进数据链通用化发展,并提升数据链安全性。

1. 美国海军研发新型多频段终端

2016年1月,美国海军授予雷声公司价值1.03亿美元的合同,研

发、测试并交付"海军多频段终端(NMT)",提供受保护的战术数据、图像、视频、地图和目标信息传输。NMT 是美国海军第四代极高频终端,其性能相当于现有终端的 4 倍,包含多种宽带选项,将安装于舰艇、潜艇和岸上信号站,用于与其他军事卫星系统进行通信。通过使用双天线,舰载 NMT 可同时使用军用 Q、Ka 和 X 波段,潜艇载 NMT 使用 Q、X 波段,岸上信号站则只能使用 Q 波段。

2. 美国海军开发战术通用数据链系统

2016 年 7 月,美国海军授权立方公司研制通用数据链(CDL)系统。立方公司将提供可选择性 CDL 分割甲板上下无线电系统,以支持 AN/USQ – 167 通用数据链系统。美国海军需要在 CVN(核动力)航空母舰上拥有附加的实时 CDL 数据链能力,以支持战斗集群部队自卫和 ISR 作战。采用立方公司的 CDL 分离无线电,该系统不仅能根据美国海军不同飞机的需要提供安全的实时通信,还能够提供航班预签功能以保证作战成功。

2016 年 9 月,BAE 系统公司获得 8470 万美元合同,为美国海军开发"网络战术通用数据链(NTCDL)"系统,提供多源实时 ISR 数据同步收发能力和跨网指挥控制信息交换能力,使美国海军实现海量 ISR 数据的跨平台和跨网络共享。网络战术通用数据链将采用开放式系统架构,具有模块化、可扩展的优点,能提高通信容量,改进信号波形,以适应不断变化的任务需求;可通过多源实时话音、数据、图像及视频信息交换,增强美国海军态势感知能力与战术战场优势。该系统将优先安装在航母和大甲板两栖舰上。

3. 美国空军开发"五代机到四代机"通信网关增量 2

2016 年 3 月,美国空军发布"五代机到四代机"通信网关增量 2 建议征询书,首次公开网关解决方案相关信息,对增量 2 系统提出如下要求:①具备增量 1 系统的功能,支持五代机之间通过不同的数据链共享战场信息;②支持不开雷达保持隐身,通过红外搜索与跟踪系统扫描敌机;③具备作战中卫星通信能力,可融合 F – 22 机间协同数据链

（IFDL）、F-35多功能先进数据链（MADL）以及传统Link16多数据链信息；④可超视距接入国家数据服务提供方，具备多级安全航迹关联及数据融合处理器，可连接多个不同的数据域；⑤提供射频解决方案，确保F-22和F-35借助机间协同数据链和多功能先进数据链实现互联互通。

4. 美国F-35演示多功能先进数据链

2016年9月12日，在美国海军及陆战队、洛克希德·马丁公司共同组织的联合实战演习中，F-35成功演示了利用多功能先进数据链（MADL）向宙斯盾武器系统传输数据。在演示中，F-35B通过飞机上的数据链将数据传送至地面站，再转发给一个地面模拟战舰USS Desert Ship（LLS-1）上的宙斯盾武器系统，此次演示验证了F-35传感器与外部通信的融合能力，或将成为联合作战的力量倍增器。这一能力将使作战人员利用宙斯盾系统和F-35战绩更好地掌握海上作战环境，增强态势感知能力，并能大幅提高宙斯盾系统的探测、跟踪与作战能力。

5. 雷声公司为北约国家提供安全通信数据链

2016年9月，雷声公司安全信息系统赢得3277万美元的公司固定价格、成本加固定费用（CPFF）合同，旨在为北约改进数据链Link 11（NILE）/Link 22现代化数据链路及通信安全（LLC 7M）提供生产和维护，该合同由美国空间与海军作战系统司令部负责。

NILE/Link 22于2015年正式采用，工作频段为高频（HF）和特高频（UHF），主要作为Link-16联合无线电系统的补充。NILE LLC 7M是经过了美国国家安全局的认证的受控加密系统，主要用于机载、地面、地下、地基应用平台，服务于使用NILE的国家（美国、加拿大、法国、德国、意大利、英国、西班牙）及其他通过对外军售批准的国家。合同需求包括，NILE LLC 7M的生产、NILE LLC 7M生产测试系列、NILE LLC 7M维护，合同涉及保修条款、工程服务、培训、维修服务、其他直接成本、建议准备成本等其他条款，它还包括相关的项目管理，人事管理和后勤保障计划需求。该合同包括一个5年期基础合同和一个5年期附加选项,如果均被执行,合同价值预计将达到 6300 万美元,合同 2021 年 9 月到期,若执行附加选项,将持续至 2026 年 9 月。2016 财年美国海军其他价值 69.66 万美元的采购基金将被放入该合同中。

雷声公司和美国海军航空系统司令部已经完成 MQ－8"火力侦察兵"先进任务控制系统研发,将部署在"科罗拉多"号近海战斗舰上。美国海军和雷声公司分别负责硬件和软件研发,使"火力侦察兵"可在近海区域获得可靠、灵活的任务指示。该系统使得美国海军无需置于危险环境中进行操控,即可完成相关作战任务。系统硬件和软件都采用开放式架构,灵活性高,可快速植入所需的新技术。

三、情报侦察系统

2016 年,世界主要国家关注加强空间态势感知能力,重视发展对空侦察卫星及装备,涌现多型空中侦察平台,加强有人无人协同作战能力,发展完善陆基、海基侦察装备,加强目标的监视能力。

（一）重视空间态势感知能力

2016 年,美国、俄罗斯加快天基侦察卫星的研制进程,增强对空地目标的侦察能力,秘鲁首颗侦察监视卫星成功发射入轨,填补空间侦察能力空白。

1. 部署空间目标监视卫星

2016 年 8 月,美国发射两颗高轨"地球同步轨道空间态势感知计划"（GSSAP）太空监视卫星入轨,标志美军高轨监视技术已发展成熟,将形成实战能力。此次发射的两颗 GSSAP 卫星是该计划的第二组卫星,第一组的两颗低轨卫星于 2014 年 7 月发射,入轨后运行情况良好。GSSAP 卫星采用光电探测载荷,可提供准确的目标轨道和特征数据,观测结果汇入空间监视网。美国空军的 GSSAP 系统由 4 颗卫星组成,由轨道科学 ATK 公司制造,将运行在地球同步轨道附近,对地球同步轨道上的卫星目标、太空碎片进行监视,可为美军提供准确的目标轨道和特征数据,保障美国重要太空资产安全,并对轨道上任何可能威胁美国卫星的航天器、太空碎片进行实时监视。此外,该卫星还具备攻击其他卫星的能力。

2. 研制多型对地侦察卫星

2016 年,美国继续研发多颗成像侦察卫星。2 月,美国在范登堡空军基地发射 NROL-45 军用卫星,该星是一颗逆行轨道的 FIA 雷达成像侦察卫星,由波音公司制造,性能为军事机密。其最显著特点是不受白天黑夜的影响,可在任何天气条件下,拍摄亚米级分辨率的图像,甚至可以拍摄到地下建筑。6 月,美国国家侦察办公室发射一颗代号为 NROL-37 的侦察卫星。据称该卫星可能是"高级猎户座"(Advanced Orion)电子侦察卫星系列中的第 7 颗,主要用于从地球同步轨道上收集地面的各类雷达、通信(以通信为主)等电磁信号。

2016 年 8 月,俄罗斯进步国家太空研究与生产中心在为国防部研发"拉兹丹"(Razdan)新型监视卫星系统。该系统由 3 颗卫星组成,计划在 2019—2024 年从普列谢茨克航天发射场发射,旨在补充并替代俄罗斯"角色"级光电侦察卫星。"拉兹丹"卫星采用新型高速安全无线电信道,其中第 2 颗和第 3 颗卫星还将采用新型光学器件,配备直径为 2 米的物镜。

2016 年 10 月,俄罗斯国防部与拉沃奇金科学生产联合体签订了自主研制雷达侦察卫星系统的合约,包括制造天基有源相控阵雷达。该系统由五颗高分辨率雷达侦察卫星组成,首颗卫星计划于 2019 年入轨,轨道高度约 2000 千米。该系统的雷达可提供亚米级分辨率的动态图像,如可辨识地面车辆的牌照信息,甚至是人外貌特征等,同时还可绘制巡航导弹飞行所需的精确三维模型地图。

3. 秘鲁首颗侦察监视卫星成功发射入轨

2016 年 9 月,欧洲"维加"小型运载火箭成功将 5 颗高分辨率光学成像卫星送入预定轨道,包括一颗"秘鲁卫星"-1(PeruSat-1)以及 4

颗"天空卫星"(SkySat)。其中,"秘鲁卫星"–1运行在高度675千米轨道,"天空卫星"运行在高度500千米的轨道。"秘鲁卫星"–1是秘鲁首颗侦察监视卫星,由秘鲁军方运行,分辨率为0.7米,由欧洲空中客车防务与航天公司研制,采用AstroBus–300平台,质量为430千克,设计寿命为10年。

(二)提升空中侦察平台作战能力

2016年,美军重视有人、无人系统联合作战能力,对"影子"无人机进行持续升级改造,测试验证"特里同"无人机与P–8A巡逻机共享视频数据的能力。此外,美军还积极推进现役空基侦察装备的升级换代。

1. 加强无人侦察平台与有人机作战协作

2016年1月,美陆军合同司令部与德事隆系统公司签署了一份价值9710万美元的修订合同,用以全速率生产影子无人机及升级其战术数据链,加之此前7950万美元的合同,此轮美陆军采购影子无人机的总额已达1.766亿美元,以进一步提升其与"阿帕奇"直升机联合用于有人或无人编队作战能力。影子无人机翼展6.096米,载荷27.215千克,可以为旅级指挥官提供ISR(情报、侦察和监视)、目标信息和评估。

2016年1月,诺斯罗普·格鲁曼公司为美国海军研制的"特里同"(MQ–4C)无人机完成作战评估。6月,在其飞行评估测试中,美军验证了该无人机与P–8A多任务海上巡逻机共享关键任务信息的能力,以及利用光电/红外传感器跟踪水面目标,并为数英里外P–8A的机组成员构建态势感知的能力。"特里同"无人机通过通用数据链系统成功与P–8A交换了全动态视频信息,未来还将进一步发展两型飞机的互用性,使两型飞机可联合执行任务,控制广阔的海上区域。此外,MQ–4C还进行了一系列重载飞行测试,有望显著提高无人机的滞空时间,并提高满油状态下的飞行高度。9月,该机通过里程碑C的评审,获得低速率初始生产许可。

2016年10月,日本防卫省采办、技术与后勤代理局(ATLA)公布了"无人僚机"计划的技术路线图,提出研发一款高性能自主飞机,作为下一代有人驾驶战斗机F-3的助手,参与协同作战。按照ATLA的计划,该机将于2030年左右完成研制,2035年后服役。"无人僚机"将与F-3战斗机协同作战,由F-35飞行员可发送控制指令,但"无人僚机"可自主决定指令的最佳执行方案,可依据自己制定的战术策略进行机动,并向飞行员报告其行动、位置、状态及任务进程。此外,它较强作战机动性,将有助于增强在敌方的导弹齐射中存活率。

"无人僚机"计划将发展五型无人机:①小型便携式无人机;②视距通信操作无人机;③卫星通信无人机;④无人战机;⑤浮空器和太阳能无人机。其将重点发展第三类和第四类无人机,其中将优先研制第三类卫星通信无人机,兼具弹道导弹防御功能。

2. 升级换代现役空基侦察装备

2016年1月,以色列战术机器人公司对其研制"空中骡子"(Airmule)垂直起降无人机进行了首次无系留飞行,对垂直起降、稳定性检查和低速前飞等操作进行了测试,将进行超视距自主货运能力和障碍飞越能力测试。"空中骡子"相比现有直升机而言有着明显的进步,最大航速185千米/小时,最大飞行高度5.5千米,每架次在50千米工作半径内能运送500千克货物,24小时内能运送近6吨货物,还可以较高精确度进行悬停,能够承受恶劣气象条件和高达50节的风速。此外,该机外部电子设备提高了其自主能力。

2016年3月,俄罗斯喀山航空工厂启动了"开放天空"特殊用途侦察机图-214ON的改装工作,以替换图-154M-LK和安-30B飞机。该机安装了目前俄罗斯最先进的机载系统,其中包括全景摄像机、合成孔径机载雷达、2台电视摄像机、红外扫描设备以及机载数字计算系统等。

2016年9月,美军最后一支使用现役MQ-1的中队已经进行了首架"死神"无人机的发射任务。"捕食者"仅可携带2个AGM-114"地狱火"导弹,"死神"无人机是"捕食者"无人机的更大、能力更强的版本,可携带 AGM – 114"地狱火"导弹、GBU – 12 宝石路激光制导炸弹、GBU – 38 制导炸弹。根据美国空军 2016 年发布的预算文件,美国空军拥有 110 架"捕食者"。同时,美国空军决定将在 2018 年正式退役"捕食者"无人机,用"死神"无人机替换它们,该项工作正逐渐走上正轨。

3. 继续研制机载雷达系统

2016 年 2 月,瑞典萨伯公司推出"全球眼"新型空中预警机,是"爱立眼"系列机载预警机的新成员。该预警机装备了"增程型爱立眼"雷达和"海浪"– 7500E 海上监视雷达,可同时执行空中、海上和陆地监视任务。其中,"增程型爱立眼"雷达工作采用了氮化镓技术,工作在 S 波段,由地面移动目标指示器以及可进行地面监视的合成孔径雷达组成,探测范围超过 555.6 千米,比起"香草爱立眼"雷达,探测范围增加了大约 70%。

(三)发展陆基侦察装备与技术

2016 年,美军继续逐步推进其陆基对空监视系统建设。同时,其他主要国家研发部署陆基对海监视雷达,完善海上监视能力。

1. 推进对空目标侦察装备研发进程

2016 年 3 月,洛克希德·马丁公司在新泽西州为美空军下一代空间监视系统"空间篱笆"建造了缩比的雷达测试场,首次开始跟踪空间目标,以测试系统硬件和软件。4 月,通用动力公司完成雷达接收阵列建造工作。该阵列接收面积约 650 平方米,质量达 310 吨,下一步将与"空间篱笆"系统进行整合。该系统可探测直径最小 5 厘米的卫星和太空碎片,当雷达与美军其他网络传感器联网时,其系统性能将比当前空间监视能力提高 5 倍。

2016 年 10 月,DARPA 向美国空军交付"空间监视望远镜"(SST)系统。空军航天司令部计划将其部署至澳大利亚,并与澳大利亚政府联合运营。SST 系统具有较强空间态势感知能力,可更快速侦察、跟踪先前无法观测到或难以发现的小型空间物体,并可降低空间物体对卫星或地球造成的潜在碰撞风险。该系统的部署可为"空间监视网络"提供关键空间态势感知信息,弥补美国在南半球的监控空缺。

2. 部署陆基对海监视雷达

欧盟选择超视距雷达进行远程海上边界侦察任务。5月,欧盟为"欧洲地平线2020计划"的远程海上监视、搜索与营救雷达(RANGER)子项目选择Stradivarius超视距雷达,该子项目旨在可为搜索和救援行动提供支持,并可监视沿海和边界地区。

目前的雷达系统的侦察范围为数十千米,STRADIVARIUS雷达系统使用高频表面波监视海上交通,侦察范围从25米的小型船只到370千米的沿海区域,可完善现存的海上巡逻和卫星监测等海上监视的方式,全天时全天候实时持续监视。首部STRADIVARIUS作战雷达系统已经被部署在地中海海岸。

(四)完善海基侦察装备

2016年,世界主要国家积极提升海上巡逻机、战术无人机等海基平台装备应对新目标威胁的作战能力,加强其海上作战力量。

1. 美海军提升P-8A海上巡逻机C⁴ISR能力

2016年8月,美国海军为增强P-8A"波塞冬"海上巡逻机作为远程多传感器情报收集平台的能力,与波音公司签署了价值6080万美元的修正合约。该项合约涉及Minotaur、多静态有源相干(MAC)增强,宽频带卫星数据通信(SATCOM),新型计算与安全体系架构、自动数字网络系统通用数据链升级,反水面战信号情报,作战系统架构升级,通信能力升级等工作。Minotaur很有可能涉及一个集成传感器、信号处理、通信系统的系统,旨在为P-8飞行人员收集并处理所监视到信息,并为岸上及水面作战操作传递信息。

2. 美海军部署RQ-20B"美洲狮"全环境无人机

2016年8月,美海军完成RQ-20B"美洲狮"全环境小型无人机在"阿利·伯克"Flight Ⅰ型驱逐舰上的部署和测试工作,重点对航空环境公司全自主舰上无人机回收系统进行测试。此外,美国国防部将"美洲狮"Block 2 型无人机命名为 RQ – 20B,该无人机系统包含了大功率推进系统、高强度机身、耐用电池、精确惯导系统以及改善的用户界面。

"美洲狮"无人机可提供高质量光电红外图像以及安全数字数据链,提升舰船或持有远程视频终端的作战人员态势感知能力。该无人机在完成情报监视侦察任务后,可以借助航空环境公司研发的精确回收系统完成舰上的自主回收,并不干扰舰船正常运行。航空环境公司研发的精确回收系统尺寸小,可随身携带,由舰上操作人员完成无人机回收,这使得无人机回收工作无需专业团队。此外,"美洲狮"无人机操作员还可根据任务需求在海上降落。

3. 澳大利亚海军舰载战术无人机完成首次飞行试验

2016 年 3 月,澳大利亚皇家海军"扫描鹰"无人机完成了在"乔勒斯号"舰艇上进行的第一级别飞行试验,对无人机在海上操作的所有方面进行了评估。"扫描鹰"无人机是一架小型战术无人机,可进行实时目标侦察与监视,并发送视频和遥测数据到控制站,可配置不同传感器和推进模块,操作范围可达 200 千米,续航能力超过 12 小时。

四、预警探测系统

2016 年,美国继续稳步推进可探测外层空间、大气层、水面和水下及陆上目标的预警探测系统的建设,顺利开展天基红外系统研制工作,推进现役预警机、预警雷达升级。俄罗斯构建以天基和陆基为主的预警探测系统,开展首颗导弹预警卫星在轨试验,重启"第聂伯"导弹预警系统雷达站,进行新型预警机及"铠甲"– SM 防空系统的研制工作。同时,世界其他国家也在积极发展预警探测能力。

(一)天基预警探测系统

2016 年,美国天基红外系统(SBIRS)进展顺利,俄罗斯进行首颗

"综合空间系统"预警卫星的在轨试验。

1. 美国天基红外系统 GEO－3 完成交付工作

8月，美国空军和洛克希德·马丁公司完成天基红外系统第三颗地球同步轨道卫星（GEO－3）的测试工作，包括极热极冷温度条件下的热真空测试，并将其交付于美国卡纳维拉尔角空军基地。美国空军计划2017年发射该卫星，这将增强美军作战信息接收、导弹预警及红外探测的能力。天基红外系统由4颗地球同步轨道卫星、2颗椭圆轨道卫星、地面硬件和软件设施等构成，可增强美军探测导弹发射能力，为弹道导弹防御及战场态势感知提供支持。目前，该系统的第四颗地球同步轨道卫星已经完工，正在进行最后的装配、集成以及测试工作，第五颗和第六颗同步轨道卫星正在生产中（表1）。

表1 SBIRS 系统卫星和载荷情况

卫星/载荷	发射时间	目前状态
GEO－1	2011 年 5 月	在轨运行，预警能力已验证
GEO－2	2013 年 3 月	在轨运行，预警能力已验证
GEO－3	2017 年（预计）	完成测试，交付卡纳维拉尔角空军基地
GEO－4	2017 年（预计）	研制完成
GEO－5	2020 年（预计）	研制中，作为 GEO－1 后继星部署
GEO－6	2021 年（预计）	研制中，作为 GEO－2 后继星部署
HEO－1	2006 年 6 月	在轨运行
HEO－2	2008 年 3 月	在轨运行
HEO－3	2014 年	搭载卫星发射，完成在轨校验
HEO－4	未知	研制完成

2. 俄罗斯首颗"综合空间系统"预警卫星开展在轨试验

俄罗斯对首颗下一代导弹预警卫星——"综合空间系统"（EKS）进行在轨试验。该卫星系统通过探测发动机尾焰，对世界各地的战略导弹发射情况进行监视。该卫星系统将取代"眼睛"和"预报"卫星，由4颗地球同步轨道卫星和6颗大椭圆轨道卫星组成。EKS 系统将明显提高探测能力，不仅能够跟踪洲际弹道导弹、潜射弹道导弹，还可跟踪战术导弹,同时可集成探测、指挥控制和通信能力。

(二)空基预警探测系统

2016年,美国积极进行现役预警机的升级工作,俄罗斯加紧研制A-100"主角"预警机,日本、印度、韩国等国增购先进预警机,新加坡开展新型浮空器地面测试。

1. 美军改造现役空中预警机

5月,美国空军完成了对E-3空中预警机的改进型飞行管理系统的首次飞行测试。E-3空中预警机是具有指挥、控制、通信和情报功能的全天候远程预警机,经历过多次升级改造,性能不断提高,可同时处理600批目标,并控制100个空战引导作业。

经此次试验表明,改进型飞行管理系统可提高预警机操作效率,并使飞行机组人员从4人减至3人。同时,这次试飞是美国空军通信导航监视/空中交通管理航空电子供货商替代计划的一部分,该计划始于2013年,目的是用现代化的数字航空电子系统取代过时的模拟系统。E-3空中预警机成功地完成首次试飞,为该机顺利进入飞行测试鉴定阶段奠定基础。

2. 俄罗斯远程预警机研制顺利

8月,俄罗斯A-100"主角"远程预警机的无线电电子系统完成交付,并开展系统地面试验。该机搭载先进有源相控阵雷达,可监视与跟踪机载、陆基、海基目标,自动识别并分类所获取的目标信息,引导歼击机或轰炸机对其实施攻击。同时,该机具备先进信号情报处理能力和电子战能力,可对敌方指挥、通信、雷达节点进行干扰,以抑制敌方雷达和通信设备的正常工作。该机可发现600千米范围以外的战斗机,可发现400千米左右的水面舰艇。

该预警机的生产型将采用俄最新大型运输机——伊尔-76MD-90A飞机作为平台,而飞行实验室则采用伊尔-76MD作为平台,飞机试验编号为A-100LL。该试验机计划于2017年3月开展首次飞行测试,以对预警机的整套雷达系统进行试验。A-100飞机原型机将在2018年进行首飞,2020年服役。该机成功研制将可在动态的作战环境中,可确保俄罗斯军队的空中优势,为作战指挥官提供态势感知能力。

3. 日本、印度、韩国等国增购先进预警机

1月,日本与诺斯罗普·格鲁曼公司签署了E-2D"先进鹰眼"预警机改进合约,旨在增加其续航能力,使其可执行更长滞空时间的作战任务。该机日本订购的首架E-2D"先进鹰眼"预警机,预计在2018年交付。8月,诺斯罗普·格鲁曼公司又获得了为日本生产第二架E-2D"先进鹰眼"预警机的合约,以满足日本急需的机载监视需求,促进多平台信息融合,日本有望采购4架该机。日本E-2D"鹰眼"预警机可与携带有"标准"-6型导弹、装备"宙斯盾"作战系统的舰船进行目标信息的传输,并借助"协同交战能力数据链"和"海军综合防空火控系统",日本有望与美军大型先进战斗管理网络实现互联互通。

3月,印度空军为增强其探测与监视巡航导弹、直升机、战斗机及小型舰船等小雷达反射截面目标的能力,增购了2套"费尔康"机载预警雷达系统。该雷达系统可同时跟踪的目标数量多于50个,在全方位搜索的同时还可对重点目标实行"全跟踪",以确保可持续跟踪目标及跟踪精度,从而,正确引导数百架飞机进行空战。对于高威胁区域,该雷达系统则以2~3秒的间隔进行密集扫描。对于远距离目标,雷达系统通过增加波束驻留实现目标探测。如果以15秒/次搜索时,该雷达系统探测距离可增加30%,一旦发现目标,该系统可在0.1秒内控制波束回到目标方向,当确定真实目标位置后迅速发出警报。

10月,韩国增购2架由波音公司生产的E-737预警机,并将其装备至E-737预警机机队。目前,该机队由4架E-737预警机组成,部署于庆尚南道金海空军基地。E-737预警机在距离基地480千米的地方巡逻时间达9小时,对空中目标的探测范围超过322千米,对水面舰船为241千米。其后机身上方的整流罩里配置有诺斯罗普·格鲁曼公司的多功能有源相控阵雷达(MESA),以提供360度覆盖能力。

4. 新加坡武装部队开展浮空器地面测试

11 月,新加坡武装部队对其浮空器系统开展了地面测试。该浮空器直径达 55 米,最大操作高度可达 600 米,由氦气机体、凯夫拉材质制成的系绳、系泊站、高强度绞车系统及一套传感器组成。新加坡武装部队计划将其部署于西部地区空军,主要用于侦察 200 千米外的空中、海上威胁目标,增加新加坡机载雷达覆盖范围,并补充现存地面和空中传感器网络,以提高新加坡军队持续的空中和海上监视能力。

(三) 陆基预警探测系统

2016 年,美国继续推进在研或在产预警雷达的研制工作。俄罗斯重启"第聂伯"导弹预警系统雷达站,开展"铠甲"-SM 防空系统研制工作。法国推出新型短程多任务雷达,用于防空预警作战。

1. 美国开展多型号预警雷达研制工作

7 月,美国空军发布了下三坐标远征远程雷达(3DELRR)的修订版招标书,该招标书包含了 3DELRR 雷达的工程制造与开发、低速率生产、全速率生产等阶段,并拟定于 2017 财年第二季度签订合约。3DELRR 雷达是美国空军下一代骨干型地面远程雷达。由于美国空军现役 AN/TPS-75 雷达无法有效侦测新兴威胁目标,维护和使用费用也越来越高。因此,美国空军计划利用 3DELRR 雷达取代 AN/TPS-75 雷达,负责识别、跟踪空中目标。

9 月,美国海军陆战队与诺斯罗普·格鲁曼公司签订了为期四年,价值 3.75 亿美元合同,用于采购 9 部 AN/TPS-80 地面/空任务导向雷达(G/ATOR)低速率初始生产系统。此前,美国海军已和该公司签订了采购了 6 部 G/ATOR 技术的低速率初始生产系统,将于 2017 年 2 月供货,用于支持 2018 年 G/ATOR Block 1 和 Block 2 的初始性能测试。此次签订是第二个低速率初始生产合同,计划于 2020 年 9 月完成。G/ATOR 将用来取代老式雷达,如 AN/MPQ-62、AN/TPQ-64、AN/TPS-63、AN/TPS-73 以及 AN/TPS-36/37 等,旨在探测与跟踪有人与无人机、巡航导弹、迫击炮弹、炮弹和火箭弹等多种目标,满足其对多任务、地面武器定位雷达的需求。

9月,美国导弹防御局决定对现役及未来将服役的 AN/TPY - 2 雷达集成氮化镓组件。目前,该雷达利用砷化镓组件进行高功率传输,利用氮化镓技术可更有效的进行高功率传输。该升级改造工作将在与雷声公司签订修订合同后开展,该合约旨在对雷达进行现代化改造,降低雷达报废率,使其更好地应对弹道导弹威胁。为防御弹道导弹威胁,AN/TPY - 2 雷达利用复杂计算算法进行空域扫描,以识别来袭弹头或者反抗措施等。

2. 俄罗斯加紧陆基防空预警系统的建设

5月,俄国防部计划重启"第聂伯"导弹预警系统雷达站,并对其进行现代化升级改造。该雷达站部署在塞瓦斯托波尔附近,改造后将能够探测到来自黑海和地中海海域威胁目标,如弹道导弹、巡航导弹,以及高超声速导弹等,位俄南部和东南部领土的提供防御保护。目前,俄军提供了两个建造方案:一是改造方案是利用"沃罗涅日"型导弹预警系统雷达站所采用的技术,重新修建一座新雷达站,并将其命名为"沃罗尼日"-S。二是将位于伊尔库茨克附近、苏联时期未完工的"第聂伯"雷达站上的设施,安装在该雷达站上,以节约预算资金。

10月,俄罗斯完成了全新"铠甲"-SM 防空系统的设计阶段工作,计划 2017 年初开始系统原型的研制工作,2018 年开始进入生产阶段。"铠甲"-SM 是"铠甲"防空系统的最新型号,配备全新型有源相控阵雷达,探测距离从 40 千米提高至 75 千米。

3. 法国推出新型短程多任务雷达

6月,泰勒斯公司在防务展中,展出其新型 Ground Master 60 多任务雷达。Ground Master 60 雷达是 GM 防空雷达系列的最新版,用于侦察火箭、火炮和迫击炮。该雷达系统机动性较强,可快速安装部署与拆除,并可空运到偏远区域。

该雷达系统是一款具有移动侦察能力的多任务雷达,旨在针对短程及极短程武器系统等威胁目标,可侦察包括移动目标在内的所有类型的目标。其主要特点如下:一是具备多任务性,可在移动过程中可提供较高的侦察能力;二是 GM 雷达系列唯一一部短程雷达,对该系统的中程和远程雷达进行了补充;三是可为远程打击提供更好的态势感知能力。

(四)海基预警探测系统

2016 年,随电子信息技术的不断发展,海上作战的作战形态和作战样式不断变化,海基雷达的研制越来越注重多任务化,能够兼顾对空、对海搜索、早期预警、防空自卫等多种任务。美国加速研制一体化防空反导雷达(AMDR)、西班牙完成了新型舰载 S 波段雷达演示试验。

1. 美国完成一体化防空反导雷达太平洋导弹靶场部署

1 月,美国海军完成了 AMDR 雷达第一部完整雷达阵列的制造任务,包括 5000 个 T/R 收发组件。5 月,美国海军在萨德伯里、马萨诸塞州对 AMDR 雷达进行了性能测试和校准,同时在近场靶场测试中验证了该系统对真实目标的跟踪能力,并于 6 月将其交付并部署于太平洋导弹靶场的先进雷达研发评估实验室,标志着 AMDR 雷达进入现场测试阶段。

AMDR 是美国海军"宙斯盾"武器系统中 AN/SPY－1 系列雷达的后续替代型号,也是美国海军今后 40 年的主力舰载雷达装备,代表了全球舰载防空反导雷达的发展方向。根据美国海军对项目的预期安排,AMDR 将于 2017 年 9 月进入低速生产阶段,并将于 2023 年 9 月形成初始作战能力,届时将部署在 DDG 51 Flight Ⅲ 型防空反导驱逐舰,计划 2019 年装舰测试,2023 年形成初始作战能力。

2. 西班牙完成舰载 S 波段雷达演示试验

5 月,西班牙 Indra 公司和洛克希德・马丁公司对其新型固态 S 波段雷达系统完成了第一阶段演示试验,该测试属于相控阵雷达技术开发路线图的一部分。洛克希德・马丁公司成功将 Indra 公司研发的氮化镓 T/R 组件与其研制的固态相控阵天线相集成,并通过此次演示试验,验证了系统的机械性能、电气性能和热兼容性。洛克希德·马丁公司计划将于 2020 年对集成的固态 S 波段雷达进行工程研发模型的演示试验。

西班牙海军下一代多任务 F−110 型水面护卫舰将于 2020 年服役,该雷达是为该护卫舰所研发。目前,西班牙海军拥有 5 艘 F−100 型护卫舰,装备了洛克希德·马丁公司的"宙斯盾"作战系统和 SPY−1 雷达。F−110 型护卫舰将引进改进型作战管理系统、新型固态 S 波段雷达系统,用于替代在役的 F−100 型。

五、电子战系统

外军电子战装备受重视程度得到进一步加深,发展速度得到提升。2016 年,美国推进设立电磁频谱作为独立作战空间,同时增加经费投入,全面提升电子战能力;美、俄、法等国继续推动电子战飞机发展,增强空中电子战能力;反无人机、认知电子战等技术快速发展,促进整体能力提升;高功率微波、激光武器取得新进展。

(一)美国加大对电子战装备发展的重视,全面提升电子战能力

目前,海、陆、空、天和网络空间是美国国防部定义的五大作战域。随着美国国防部逐步认识到电磁频谱在作战中的重要性,正努力将其列为第六个作战域。

1. 美国国防部推进设立电磁频谱作为独立作战空间

2016 年 5 月,美国电子战执行委员会将电磁频谱作战空间写入了国防部电子战战略草案中,并开始向各军兵种征求相关意见。未来,该战略的获批将对美军以电子战为核心的电磁频谱作战空间的装备发展和能力建设将得到巨大的推动。据美国国防科学委员会报告称,当前

美军电子战能力存在严重缺陷,很可能影响到美军在未来战场上对制信息权的有效争夺。近几年来,美军虽然采取各种措施弥补,但并没有取得明显起色,因此,美军希望借鉴网络战作为第五个独立作战空间后获得迅猛发展的成功经验,策划将电磁频谱作为第六作战空间,从机构、战略、条令、技术、采办等多方面着手,全方位、成体系地构建美军新一代的电子战能力,以重拾电磁频谱绝对优势。

2. 美国加大电子战经费投入

2016 年 4 月,美众议院电子战工作组提交电子战能力提升法案,旨在帮助美国保持电磁频谱领域优势地位。该法案主要内容包括:给予国防部更高的财政灵活性,以更加方便地升级传统电子战系统、开发新型电子战技术;让国防部领导能够快速采购电子战技术;呼吁电子战执行委员会向国会递交有助于强化美国电子战能力的战略性规划。

与此同时,美国国会在 2017 财年《国防授权法案》中对电子战予以了大力支持,对几乎所有电子战相关项目申请给予了全额拨款,在有些情况下还增加条目或提高了拨款数量。据估计,美军在近 5 年内至少每年都要耗资约 23 亿美元,否则很可能致美军整个武器装备体系于极大风险之中。

(二) 各国积极推进电子战飞机发展,增强空中电子战能力

1. 美国海军全面部署 EA – 18G

2016 年,EA – 18G 远征中队 VAQ – 144 部署完毕,整体规模达到 160 架。美国海军 16 个 EA – 18G 飞行中队已经全部完成部署,包括: VAQ – 130、VAQ – 131、VAQ – 133、VAQ – 134、VAQ – 136、VAQ – 137、VAQ – 139、VAQ – 140、VAQ – 141 和 VAQ – 142 十个舰载机中队, VAQ – 132、VAQ – 135 、VAQ – 138、VAQ – 143 和 VAQ – 144 五个陆基远征中队,VAQ – 129 战备中队。

EA – 18G 主要能力包括:对敌防空压制、防区外干扰、随队干扰、联合作战时提供目标识别。在联合部队作战中 EA – 18G 具有不可或缺

的地位,对于美国海军在电磁机动战中获取电磁频谱优势至关重要。未来,美国海军还计划采用新型目标瞄准技术对 EA – 18G 进行升级改造。同时该技术将作为标准配置集成到所有新制造的 EA – 18G 飞机上。

2. 俄罗斯向叙利亚派驻多型电子战飞机,为俄军在当地的军事行动提供支援

俄罗斯军队向叙利亚境内派驻了多型电子战飞机,包括伊尔 – 20M、伊尔 – 22PP"伐木人"、图 – 214R 等。

伊尔 – 20M 被北约称为"黑鸭 – A"(Coot – A),是俄罗斯空军重要的电子侦察飞机。"伊尔 – 20M"安装有先进的电子侦察系统、红外和光学传感器、侧视机载雷达和卫星通信设备,可实现远程、全天时和近全天候条件下的情报收集。其在叙利亚的主要任务包括侦听"伊斯兰国"和反政府武装分子的通信,探测各种辐射源的频率和位置,确定电子战斗序列,为战斗机分配攻击目标。

伊尔 – 22PP"伐木人"电子战飞机安装了侧视天线和长数百米的拖曳式装置。据现有资料推测,伊尔 – 22PP 可以压制敌通信、预警机和自动化指挥系统,并能独立进行无线电技术侦察和电子侦察。

图 – 214R 是俄罗斯最先进的信号情报飞机,装备了大量传感器以执行电子侦察任务,同时能利用全天候雷达系统和光电传感器以生成地面图像情报。作为一种特殊任务飞机,该飞机能执行多种情报搜集任务,能截获并分析目标系统(雷达、卫星、飞机、无线电、作战车辆、手机等)的辐射信号,同时能形成图像以识别并定位敌方部队。

3. 其他国家重视电子战飞机发展

受周边紧张局势驱动,以色列也大力发展信号情报飞机,以收集潜在对手(如叙利亚)的信号情报。目前以色列空军主要采用"湾流"G – 550 飞机来加装其空中预警载荷以及信号情报载荷。2016 年初,澳大利亚军方也确认采用该飞机作为其信号情报载机,并由 L – 3 通信公司提供信号情报与电子战载荷,采购合同总额达 9360 万美元。

2016年6月24日,据报道,法国国防采购局已经从泰勒斯公司和Sabena技术公司订购了2架情报监视与侦察(ISR)飞机,订单额度据称为5000万欧元。此次采购的飞机将以"空中国王"350作为载机,并预计分别于2018年、2019年交付。这2架飞机都将装备有卫星通信、电子情报(ELINT)、图像情报(IMINT)等载荷。新采购的这2架飞机将作为法国空军全面替换C-160"加百利"电子情报飞机的过渡性方案。

(三)新型电子战装备与技术快速发展,促进整体能力提升

1. 新型反无人机系统发展迅速

继2015年干扰型反无人机系统和接管型反无人机系统崭露头角后,2016年美空军已拟开发三类小型化/微型化无人机对抗系统:探测系统、识别系统、对抗系统,重点是对抗系统。

2016年1月,空客公司研发出一种反无人机系统,可以防护军事基地、机场、核电厂及其他关键地区免遭无人机的非法入侵。该系统可以采集来自多个不同传感器的信息,干扰入侵无人机操作员的射频与微波控制链路。系统有效距离为3~6英里(约合5~10千米)。

2月,美陆军正致力于开发一种能够以低成本方式有效对抗商用无人机的"改变游戏规则的"能力,称为反无人机移动集成(CMIN)能力。CMIN能力利用AN/TPQ-50雷达来发现并跟踪无人机,探测并计算来袭无人机的轨迹,并利用软、硬杀伤能力来对抗或打击无人机。

4月,意大利芬梅卡尼卡集团赛莱斯电子系统公司(Selex ES)展示"隼盾"(Falcon Shield)反无人机系统。该系统不仅可发现、识别、跟踪、定位并击落敌对或可疑的微型无人机,还具备从对方手中夺得无人机控制权、使其转向并安全降落的能力。"隼盾"系统将包含雷达、光成像及热成像照相机、可侦听微型无人机旋翼嗡嗡声的麦克风,以及能够监测无人机无线电信号并追踪其操作员的设备。该系统还将包含一个电子攻击元件,让"隼盾"操作员接管来犯的无人机,将其击毁或捕获。

6月,雷声公司最初为美国陆军开发的反无人机高功率微波

（HPM）演示项目最近也引起了美国政府组织的关注。主要原因是这些组织亲眼见证了该系统瘫痪小型无人机的演示。未来战争发展的众多趋势中，无人化无疑是最明朗的一个，而且其作战效能也已日益凸显。正因如此，无人平台（尤其是无人机）在成为各国利器的同时，也成为了招风大树、众矢之的。

2. 认知电子战技术取得进展

2016 年 6 月，BAE 系统公司与 DARPA 签订自适应雷达对抗（ARC）项目第三阶段合同。ARC 项目寻求检测和对抗行为未知的数字化波束捷变可编程雷达系统。BAE 系统公司已在第一阶段完成了算法开发和组件级测试，在第二阶段完成了电子战载荷中的算法集成，广泛开展了半实物仿真测试，在第三阶段（也是最后阶段）的主要工作是提升项目测试的复杂性和真实性。ARC 项目计划于 2018 年完成，之后，该项目开发的技术将移植到现有电子战系统中。

近年来，战场电磁环境日益复杂，特别是随着自适应雷达、自适应无线电台等装备的逐步应用，传统电子战装备在信号辨别、实时处理、快速分析、精确干扰等方面存在明显不足，无法适应现在信息化战争的需求。为解决这一问题，DARPA 启动"自适应电子战行为学习"、ARC 等项目，开发能够实时检测、分析、对抗无线电、组网的战术级认知电子战技术。

认知电子战系统有效解决了传统电子战系统智能化程度低、自我演进能力差的问题，使用机器学习算法将积累的目标"经验"存储至动态知识库，实现复杂射频环境下对目标的精确感知。与此同时，认知电子战系统还采用分布式、网络化运作方式，可有效提升电子战系统的灵活度，用以满足功率、成本、隐蔽性、高效性等要求，是未来电子战发展的重要方向之一。

3. 美军下一代干扰机（NGJ）增量 1 进入工程制造开发阶段

2016 年 4 月，NGJ 增量 1 项目正式进入工程制造开发阶段。在工程制造开发阶段，将在生产前进一步完善系统设计。NGJ 增量 1 系统预计将在 2017 年初至年中完成系统级关键设计审查,最终定型并进行试生产和组装。根据计划,NGJ 增量 1 项目将于 2019 年 3 月进行全功能干扰吊舱的首次试验,并于 2019 年 8 月进行低速初始生产,最终于 2021 年 6 月形成初始作战能力。海军计划购买 270 个 NGJ 增量 1 吊舱,每架 EA – 18G 飞机装备两个吊舱。未来 20 年,NGJ 增量 1 项目可能会给雷声公司带来超过 100 亿美元的收入。

NGJ 将由一系列低、中、高频段的干扰吊舱组成。NGJ 主要用于对抗敌方越来越先进的搜索、跟踪和火控雷达以及通信系统,阻止敌方在战时有效使用电磁频谱。NGJ 采用基于下一代氮化镓收/发模块的有源电扫阵列天线技术,可与 EA – 18G 电子战飞机现有机载电子设备实现无缝集成,旨在提高美海军的全频谱干扰能力。美国海军计划以增量式渐进采办方式对其进行部署。增量 1 针对中波段能力,预计将于 2020 年部署;增量 2 针对低波段能力,计划在 2022 年部署;增量 3 针对高波段能力,计划在 2024 年部署。未来 NGJ 还有望部署或集成到其他的有人机和无人机上。

4. 美军空射诱饵干扰机(MALD – J)持续生产并获得性能升级和扩展应用

2016 年 6 月,美国空军与雷声公司签署九批次 MALD – J 生产合同,总价值 1.185 亿美元。MALD – J 是雷声公司研制的一款空射诱饵干扰机,具有干扰机和诱饵两种工作模式,在使用时可由作战人员选择具体的工作模式。其总质量不超过 136 千克,航程大约 930 千米,具备干扰雷达能力,可以对敌防空系统实施主动的电子攻击。

MALD – J 可由任何可携带 AIM – 120 先进中程空空导弹的飞机发射,但目前美国空军只有 F – 16 战斗机和 B – 52 轰炸机装备了 MALD – J。当前,雷声公司正利用自筹资金开发 MALD – J 的可选发射方案,专门为 C – 130"大力神"运输机开发了 MALD – J 运输机发射系统。此外,雷声公司还和通用原子航空系统公司合作,希望将干扰载荷集成到 MQ – 9"死神"无人机上。

与此同时,美国空军还在开展相关的性能升级工作。7月,美国空军与雷声公司签订价值3480万美元的演示验证合同,用于改进 MALD - J 的电子战载荷和飞行能力。该项目命名为 MALD - X,周期为2年,计划于2018年3月完成两次飞行演示验证。

5. 美海军陆战队"猛虎"Ⅱ电子攻击吊舱加速部署

2016年7月,"猛虎"Ⅱ(V3)吊舱搭载在 UH - 1Y"眼镜蛇"直升机上,从"黄蜂"号突击登陆舰上起飞,进行了首次作战飞行。美国海军陆战队将 ALQ - 231(V)"猛虎"Ⅱ电子攻击吊舱定位为陆战队的标准吊舱,并大力推动该吊舱在陆战队所有飞机上的部署。"猛虎"Ⅱ目前已经装备了海军陆战队的 F - 18"大黄蜂"战斗机、AV - 8B"鹞"垂直起降飞机、UH - 1"休伊"通用直升机和 RQ - 7B"影子"无人机。根据计划,还将装备于 AH - 1Z"眼镜蛇"攻击直升机、CH - 53 直升机、V - 22"鱼嘴"倾斜旋翼直升机,甚至是 KC - 130 运输/加油机。

ALQ - 231(V)"猛虎"Ⅱ电子攻击吊舱系统适用于固定翼飞机、旋翼飞机和无人机,可以通过驾驶舱或地面操作人员的控制实现分布式、自适应、网络中心机载电子攻击能力。此外,"猛虎"Ⅱ系统可以快速重新编程,以应对不断变化及新出现的威胁。"猛虎"Ⅱ系统是首个已部署的整合了电子战服务体系结构(EWSA)的武器系统。电子战服务体系结构是一种面向服务的体系结构,可以通过保密战术无线电网络实现系统的动态控制以及实时的任务重新分配。因此,系统可以提供体系结构框架和控制接口,实现协同指挥、控制和规划。

6. "水面电子战改进项目"(SEWIP)获得新进展

2016年,美国海军与洛克希德·马丁公司签署 SEWIP Block 2 系统合同,总价值1.489亿美元。与此同时,Block 3 的研制也获得重大进展。诺斯罗普·格鲁曼公司宣布 SEWIP Block 3 的 AN/SLQ - 32(V)7 电子战系统已通过关键设计评审。

水面电子战改进项目是一项为美海军舰载 AN/SLQ - 32(V)电子战系统进行螺旋式开发升级和更新的项目,AN/SLQ - 32 电子战系统是美国海军主力舰载电子战系统,从 20 世纪 70 年代中期开始批量生产,目前普遍装备美国海军护卫舰以上大型水面舰艇、两栖作战舰艇和部分作战支援辅助舰船。水面电子战改进项目共分 Block 1、Block 2、Block 3、Block 4 四个阶段完成。Block 1 阶段开始于 2002 年,研发工作现已全部完成,主要是对 AN/SLQ – 32(V)系统的处理、显示等硬件设备进行升级,分 Block 1A、Block 1B、Block 1C 三个子阶段。目前正在进行的是 Block 2 阶段的升级,此阶段旨在增强该系统的电子战支援能力,主要升级天线阵和接收机,提高系统的敏感度和对目标判断的精确度,升级后的系统将配备在新的开放式综合体系结构中。Block 3 阶段旨在提高系统的电子攻击能力,通过加大电子战的发射功率,提高对有源雷达干扰能力,为美军主力水面舰艇提供反舰导弹对抗能力。Block 3 预计将在 2017 年初进入低速初始生产阶段,2018 年夏天进入作战测试与评估。Block 4 将为系统提供光电与红外导弹干扰能力。

7. 美国海军升级电子战试验中心加强电子作战仿真与评估

2016 年,美国海军空战中心武器分部授予 AAI 公司一份 4980 万美元的合同,用于该分部电子作战仿真与评估实验室的试验环境系统升级。该电子作战仿真与评估实验室位于加利福尼亚州的中国湖和穆古角,负责试验有源和无源电子战系统以及相关嵌入式软件。该实验室开展的工作包括先进仿真,采用可提供飞行动态的想定控制计算机来模拟真实作战中的电磁环境,使电子战系统能够在逼真的实验设施中"飞行"。合同期为 5 年,相关工作预计于 2021 年 1 月结束。

8. 英国国防部重整海上电子战项目(MEWP)

2016 年 5 月,据报道,英国国防部已计划重整水面电子战项目:原本独立开发的海上电子战监视系统(MEWSS)和水面舰船防御性辅助组件(DAS – SS)将并入一个单一的项目中,即海上电子战项目(MEWP)。整合后的海上电子战项目将包括两部分:海上电子战系统集成能力(MEWSIC),旨在替换英国皇家海军现有的雷达电子支援措施能力;射频对抗措施(RFCM),主要对敌方当前及未来的射频制导导弹实施干扰。

9. 美国陆军"电子战规划与管理工具"项目第一阶段完成

2016 年 3 月,美国陆军已完成其新型电子战规划与管理工具(EW-PMT)项目的第一个能力阶段(capability drop)。EWPMT 是美国陆军综合电子战系统(IEWS)能力集中的规划与管理部分,可实现更强的电磁频谱管控能力,并可提升当前及未来的电子战能力。IEWS 系统分为三部分:电子战规划与管理(EWPMT)、多功能电子战(MFEW)和防御性电子攻击(DEA)。EWPMT 是对电子战活动进行规划、协调和集成,能提供必要的电子战任务规划和管理工具。EWPMT 将使用战术、战役和战略电子战信息,发送、接收、存储、显示并生成关于己方、敌方、中立方和未知的射频活动的电磁态势感知。EWPMT 是一种基于网络的软件,将遂行陆军综合电子战系统(IEWS)系统家族(FoS)中的规划与管理功能。它将综合电子战战场的信息与管理,为营至战区级提供定制的、用户明确的电磁作战环境显示。该项目的开发分为 4 个能力阶段,每个阶段为期 15 个月。

10. 俄电子战系统列入军队现代化规划

2016 年 3 月,俄罗斯武装部队现代化规划将先进电子战系统开发包含在内,主要是"鲍里索格列布斯克"–2(Borisoglebsk – 2)和 Rtut – BM 系统。其中:"鲍里索格列布斯克"–2 系统由俄罗斯联合仪器制造集团开发,并于 2014 年开始部署俄罗斯陆军,据分析该系统已列装 10 多套。该系统将 4 种干扰站集成到了一个单一的系统中,并采用一个单独的显控台进行控制。该系统安装于 MT – LB 装甲车上,可压制敌移动卫星通信和基于卫星的导航信号。

Rtut – BM 系统的主要功能是保护部队与资产免遭敌方采用近炸引信的火箭弹、炮弹、简易爆炸装置的袭击,并使其在距地面 3 ~ 5 米时自爆。该系统的有效范围为 50 万米^2 或半径 400 米的半球。据分析,该系统已列装 22 套,而且俄军还将列装 21 套。

（四）定向能武器系统备受关注，取得新进展

1. 美国空军继续开发 CHAMP 高功率微波导弹

2016 年 3 月 23 日，据报道，美空军已授予雷声公司一份 480 万美元的合同，以继续开发反电子高功率微波高级导弹（CHAMP）。CHAMP 是一种非动能攻击载荷，可通过发射电磁脉冲来瘫痪敌电子系统，该载荷以传统的空射巡航导弹为搭载平台。根据该合同，雷声公司将重新设计 CHAMP 载荷，并将其加装到波音公司的 AGM-86B 空射巡航导弹上。

2017 财年预算中，美空军研究实验室（AFRL）将继续推进电子对抗高功率微波先进导弹（CHAMP）项目，缩小 CHAMP 尺寸，并在 2017 财年完成设计。AFRL 将把 CHAMP 的技术运用于网络空间战及电子战，此项工作将包括继续后门和前门耦合的实验，未来在"黑飞镖"和"警惕锤"演习中，验证多个微波脉冲的概念和示范实验。

2. 美国开发适用于 F-35 战斗机和无人机的固体激光器技术

洛克希德·马丁公司的新型模块化光纤激光器的能量转换率达到 40%，这意味着随着制造、瞄准以及尺寸重量功率技术的进步，这种激光器有望用于 F-35 联合攻击战斗机。公司正在寻求相关概念的集成。洛克希德·马丁公司已经开发出通过增加模块来调整激光武器输出功率的方法，可根据不同任务和威胁需求专门定制。

通用原子公司已经向国防部交付了 150 千瓦的固体激光器，并在考虑装备"捕食者"C 无人机。此外，该公司已经获得美国陆军的合同，在 2016 年交付 60 千瓦光纤激光器。陆军还计划通过增加模块将激光器功率从 60 千瓦提升至 120 千瓦。

3. 英国斥资开发激光武器

英国"激光定向能武器性能演示设备"激光定向能武器演示项目已进入最后审批阶段，项目主要验证新型激光武器的可行性，以便未来开发备实战能力的激光武器。试验项目合同金额达 3000 万英镑，由欧洲

导弹集团英国分公司负责实施,预计将在 2019 年前交付样机,随后将开展相关测试。

欧洲导弹集团英国分公司将利用该设备评估激光定向能武器在不同距离、地形和气象等条件下获取和追踪目标的能力,以及不同条件可能对瞄准精度、操控安全等产生的影响。英国开展的激光武器演示项目是英国近期公布的多项国防前沿技术开发项目之一,资金主要来自英国国防部新设立的创新基金。

4. 德国完成舰载激光武器样机测试

莱茵金属公司和德国国防军在海军舰艇上完成高能激光武器样机联合测试。测试的激光武器样机输出功率为 10 千瓦,安装在 MLG 27 轻型舰炮炮座上,用于测试海洋环境下的技术有效性。测试期间,样机完成了对无人机、小型水面艇、地面静止目标的跟踪,覆盖低机动性和高机动性的不同目标。测试结果将对未来研发海军高能激光武器产生重要影响。

5. 印度宣布将开发 10 千瓦定向能武器

印度国防研究与发展组织(DRDO)宣布利用精确追踪/指示关键技术和激光合束等技术开发 10 千瓦定向能武器(DEW),对付非法无人机。

DRDO 已在高能系统与科学中心(CHESS)对该武器成功进行测试,测试距离超过 792 米,并在终端弹道研究实验室(TBRL)向印度军方完成演示验证。

6. 俄罗斯计划加装机载激光武器

2016 年 9 月,俄罗斯无线电电子技术(KRET)集团高管称,俄罗斯正在改装 A－60 战斗机,计划将其作为新一代激光武器的载机,用于摧毁包括近地轨道卫星在内的多数作战目标。

六、导航定位系统

2016 年,导航定位系统继续保持平稳发展态势。卫星导航依然是

各国发展的重点领域,美国、俄罗斯继续升级全球卫星导航系统;欧洲
"伽利略"系统在轨卫星数量达到 18 颗,已开始为全球提供初步导航定
位和授时服务;印度七颗区域导航卫星全部发射完成,印度区域导航卫
星系统(IRNSS)完成空间段部署。此外,美国积极发展非卫星导航定
位技术,弥补卫星导航定位技术的不足。

(一)主要国家和地区竞相发展卫星导航系统

卫星导航系统是现代军事行动的重要信息基础设施。世界主要军
事大国都把卫星导航系统的发展视为夺取战争优势的基石。2016 年,
美国发射最后一颗 GPS Ⅱ F 卫星,并继续推进 GPS Ⅲ 项目进展;俄罗
斯发射 2 枚"格罗纳斯"卫星;欧洲发射 6 颗"伽利略"导航卫星,并开
始为全球用户提供初始服务;印度发射 3 颗区域导航卫星,完成印度区
域导航卫星系统(IRNSS)空间段部署。

1. 美国全球定位系统(GPS)

1)发射最后一颗 GPS Ⅱ F 卫星

2016 年 2 月 5 日,美国 GPS Ⅱ F12 导航卫星发射入轨,这是 GPS Ⅱ
F 系列的第 12 颗也是最后一颗卫星,该型卫星由波音空间公司与情报
系统公司建造。GPS Ⅱ星座现有 31 颗卫星在工作,包括 GPS Ⅱ R 型
12 颗、GPS Ⅱ M 型 7 颗、GPS Ⅱ F 型 12 颗。GPS Ⅱ F 型卫星精度更
高、寿命更长、信号抗干扰能力更好,并增加了第三个民用 L5 频段,将
为商业航线运营和搜救任务提供支持,该频段将在 GPS Ⅲ 卫星上使用。

2)GPS 数字波形发生器将升级

2016 年 5 月,美国空军分别向诺斯罗普·格鲁曼、波音、通用动力
公司授出价值 1350 万美元、1620 万美元、1010 万美元合同,由这三家
公司共同承担 GPS 卫星导航载荷项目的在轨可编程数字波形发生器
(ORDWG)升级工作,旨在为 GPS 卫星提供更完善、更小型的数字波形
发生器。诺斯罗普·格鲁曼公司负责在轨可编程数字波形发生器的设
计和架构;波音公司将负责开发宇航级的数字波形发生器(DWG),取

代目前 GPS 导航载荷中的波形发生器；通用动力公司负责改进算法和评估实施方法。

3）下一代 GPS 运行控制系统通过质量和关键设计评审

2016 年 6 月，雷声公司为美国空军研制的下一代 GPS 运行控制系统（GPS OCX）项目已通过质量和关键设计评审，将进一步提高 GPS 系统可用性、精度和安全性。GPS 运行控制系统项目完成后，将为美国军方和民用用户提供新的全球定位、导航与授时能力，代替当前的运行控制系统。

4）美国空军继续推进 GPS Ⅲ项目发展

2016 年 5 月 5 日，为加快采办下一批 GPS Ⅲ卫星，美国空军分别授予洛克希德·马丁、波音和诺斯罗普·格鲁曼三家公司下一批 GPS Ⅲ采办第一阶段合同，三家承包商将为建造新的 GPS Ⅲ卫星展开竞争，美空军最终将选择其中一家公司建造多达 22 颗新的 GPS Ⅲ卫星。

2016 年 8 月，洛克希德·马丁公司提前进行了 GPS Ⅲ第一颗卫星 01 卫星（SV-01）的测试工作，包括电磁干扰和兼容性测试，确保卫星信号和载荷在运行中不会相互干扰。2015 年 01 号卫星经过了两次测试，分别为声学测试和热真空辐射测试，确保卫星能够承认发射时的强烈振动，以及所有组件和接口能够在太空环境下健全运行。目前，GPS Ⅲ首颗卫星预计 2017 年 8 月发射，在未来两年中，GPS Ⅲ卫星将继续接受验证。GPS Ⅲ卫星从第 11 号卫星开始，将增加新型激光发射器阵列和搜救载荷。

2016 年 9 月，美国空军与洛克希德·马丁公司签署了第 9、10 颗 GPS Ⅲ卫星生产合同，合同价值 3.95 亿美元，工作内容预计 2022 年 8 月完成。GPS Ⅲ作为第三代 GPS 系统，同目前在轨运行的 GPS Ⅱ卫星相比，定位精度提高 3 倍，抗干扰能力提高 8 倍，寿命延长 25%，达到 15 年。同时，GPS Ⅲ卫星将使用 Ka 和 V 波段通信，以满足精密测距和高速数据传输的要求，其星地链路上下行数据传输速率分别可达到 200 千字节/秒和 6 兆字节/秒。此外，GPS Ⅲ卫星还将首次使用新型 L1C

民用信号,实现与国际上其他全球导航卫星系统之间的互操作。

5）美国空军推进 GPS - M 码技术发展

2016 年 8 月,美国空军向雷声公司授出价值 5260 万美元合同,用于升级微型机载 GPS 接收器 2000(MAGR - 2K)。合同内容包括测试和交付军事编码(M 编码)/广播式自动相关监视系统(ADS - B)。该项合同将促进国会授权的军方编码向 M 编码转化。

2016 年 10 月 5 日,美国 L - 3 通信公司宣布其下一代军码(M 码) GPS 用户设备已成功完成政府安全认证流程。该 M 码 GPS 系统提高了士兵抵抗敌人压制式干扰和欺骗式干扰能力,大幅改善对抗环境下 GPS 的性能。

M 码是独立工作于民用信号的电磁频谱,可产生高功率、抗干扰信号,有助于军队在竞争激烈的环境中作战,它具有更好的安全性、频率调制技术和消息传递格式。国会已授权军方到 2018 年仅购买 M 编码的 GPS 设备。

6）美国空军订制手持式 GPS 接收器

2016 年 7 月,美国空军向罗克韦尔·柯林斯公司授出一项单一来源合同,用于采购国防先进 GPS 接收器(DAGR)。DAGR 是经过核准的一种小型、轻量手持式 GPS 接收器,为所有美国军队服务,能够集成或嵌入到 150 多个军事平台,可用于车载、手持、传感器以及火炮瞄准应用中。此外,DAGR 还能够提供移动地图和态势感知能力,具备增强的抗干扰保护措施和选择性有效反欺骗模块(SAASM)安全技术,是美国第一批手持式 GPS 接收器之一。

2. 俄罗斯"格罗纳斯"系统

2016 年 2 月 7 日,俄罗斯发射一颗"格罗纳斯" - M 51 导航卫星,5 月 29 日,另一颗"格罗纳斯" - M 53 导航卫星发射入轨,这两颗卫星均重 1415 千克,设计寿命 7 年。

然而,"格罗纳斯"导航系统发展并非一帆风顺,俄罗斯列舍特涅夫信息卫星系统公司在 2016 年 3 月 1 日宣布,在轨运行的 3 颗"格罗纳斯"–M 导航卫星均出现故障,目前正在接受维修,这三颗卫星于 2010 年 9 月采用"一箭三星"方式发射入轨。

"格罗纳斯"全球卫星导航系统是俄罗斯的军民两用导航系统,它与美国 GPS、中国"北斗"系统和欧洲"伽利略"系统类似,可为全球用户提供陆地、海上、空中的定位和导航服务,目前,"格罗纳斯"全球导航系统卫星数量达到 27 颗,其中,23 颗按照计划运行,2 颗为在轨备份,1 颗处于飞行测试阶段,还有一颗处于维护中。

3. 欧洲"伽利略"系统

2016 年,欧洲"伽利略"卫星导航系统建设取得重要进展,5 月发射了 2 颗"伽利略"卫星,11 月以"一箭四星"的方式再发射四颗"伽利略"卫星,"伽利略"卫星导航系统在轨卫星数量将达到 18 颗。

2015 年 9 月发射的第 9 颗和第 10 颗"伽利略"卫星于 2016 年 2 月正式运行,2015 年 12 月发射的第 11 颗和第 12 颗"伽利略"卫星于 2016 年 4 月正式运行,该四颗卫星目前用于传递导航信号。5 月 24 日,第 13 颗和第 14 颗"伽利略"卫星发射入轨,11 月 17 日,第 15～18 颗"伽利略"卫星发射入轨。12 月 15 日,欧盟委员会正式宣布启动"伽利略初始服务","伽利略"卫星导航系统已开始运行,为全球用户提供定位、导航和授时服务。

"伽利略"卫星导航系统是欧盟主导的新一代全球卫星导航系统,由两个地面控制中心和 30 颗卫星组成。首批 2 颗卫星于 2011 年 10 月成功发射入轨,预计 2020 年完成全部卫星入轨并提供全面的高精度定位服务。"伽利略"卫星导航系统建成后,将与美国 GPS、俄罗斯"格罗纳斯"和中国"北斗"共同构成全球四大卫星导航系统。

4. 印度区域卫星导航系统(IRNSS)

2016 年 1 月 20 日、3 月 10 日、4 月 28 日,印度成功发射第 5、6、7 颗区域卫星导航系统(IRNSS)卫星(代号分别为 1E、1F、1G)。自此,印度区域卫星导航系统 7 颗导航卫星全部完成发射,该系统空间段全面完成第一阶段部署,印度成为世界上第 5 个具有独立卫星导航系统的国家,减少了印度对美国全球定位系统(GPS)的依赖。

IRNSS 是一个独立的区域导航卫星系统,能够为印度本国和印度大陆周边 1500 ~ 2000 千米区域用户提供精确的定位信息服务,可覆盖东经 40 度 ~ 140 度和北纬 40 度 ~ 南纬 40 度的范围,包括印度次大陆及印度洋等区域,定位误差不超过 20 米。IRNSS 将提供两种服务,即向所有用户提供的标准位置服务和只向授权用户提供的受限服务。

IRNSS 系统由空间段和地面段组成:空间段由 7 颗卫星组成,其中 3 颗位于地球同步轨道,4 颗位于倾斜地球同步轨道;地面段由控制、跟踪基础设施以及其他设备组成。IRNSS 应用包括陆地、航空、海洋导航、灾害监控、车辆监控、车辆跟踪和舰队管理、移动电话集成、精密授时、绘图和测绘数据采集等。

IRNSS 建成后,每年将为印度带来 80 亿卢比左右(约合 1.74 亿美元)的商机。同时,印度有可能利用该系统与非洲、亚洲和大洋洲周边国家开展"卫星导航外交"活动,谋取更大的地缘政治利益。IRNSS 的建成将使印度摆脱对美、俄卫星导航系统的依赖,提高自主导航能力,提高精确制导武器打击精度。

(二)美国加快发展非卫星导航技术

非卫星导航技术是指利用卫星导航技术以外的其他导航技术实现定位、导航与授时,包括传统的陆基无线电导航系统和惯性导航系统技术,以及新兴的全源定位导航技术、随机信号导航定位技术、重力导航技术等。美国 GPS 等卫星导航系统已成为支持军事行动的重要信息基础设施,但因其自身固有的局限性(如信号弱、易受干扰、信号难以覆盖特殊区域等),限制了其在特定条件和环境下的应用。为此,美国将非卫星导航技术列为重点方向开展研究,目的是弥补卫星导航技术存在的不足,确保部队在各种环境下的导航作战能力。

1. 美国致力于"深水导航定位系统"研发

美军利用无人潜航器在深海执行监视与侦察、"反介入/区域拒止"

对抗及其他任务时,隐身性至关重要。而全球定位系统(GPS)的信号无法穿透海洋表面,惯性传感器又会累积误差,因此在执行短时间任务时,无人潜航器不得不定期浮上水面,获取 GPS 校准数据,而这会让其面临暴露自身的危险。

2016 年 3 月 15 日,DARPA 向德雷珀公司授出合同,研发"深海导航定位系统"(POSYDON)解决方案,根据方案,无人潜航器通过测量自身到多个已知坐标信号发射源的距离,便可获得在水下持续航行所需的精确导航信息,无需浮上水面寻求 GPS 校准,也无需采用当前通常使用的高成本惯性系统,POSYDON 系统将赋予无人潜航器在水下随时随地接收类似 GPS 信号的精确导航能力,该系统将于 2018 年进行海上验证试验。

2016 年 5 月,DARPA 向 BAE 系统公司授出合同,开发深水替代GPS 导航方法,为深水潜航器提供不依赖现有 GPS 和惯性导航技术的可靠定位、导航与授时能力。该系统将在海底布放若干声信号源,潜航器通过测量待定点到这些信号源的绝对距离,获得持续、精确的定位。此项工作主要分 3 个阶段进行:信号处理和海洋建模,发展和验证实时声学测距能力,验证整个系统的实时定位能力。

2. 美国"对抗环境下空间、时间和定位信息"项目取得阶段性成果

2016 年 2 月,DARPA 为"对抗环境下空间、时间和定位信息"项目第二、三阶段研发发布广泛机构公告。该项目于 2015 年春启动,旨在开发对抗环境下不依赖 GPS,但性能上达到 GPS 标准的抗干扰定位导航授时系统。项目共分四个阶段:第一阶段,甚低频定位系统架构总体设计;第二阶段,甚低频定位系统详细设计,预计周期 12 个月;第三阶段,系统实时演示,并进行超稳定战术时钟和合作用户之间的多功能导航系统的研发,预计周期 12 个月;最后进行集成系统综合演示。当前,第一阶段工作已完成,甚低频定位系统已完成系统整体架构设计,覆盖范围距离超过 10000 千米,穿透性强,能为潜艇提供不依赖 GPS 的导航,且导航能力可达到与 GPS 同等级别。2016 年 2 月,DARPA 发布第

二、三阶段广泛机构公告,重点关注甚低频定位系统在机载和海上平台的应用。基于该项目,美军将拥有除 GPS 之外的备份定位、导航和授时能力,降低对导航基础设施的依赖性,这在确保美军精确行动的同时,又提高了灵活性和便利性。

3. 美国 DARPA 启动"弹药精确鲁棒惯性制导"项目

2016 年,DARPA 启动"弹药精确鲁棒惯性制导:先进微型惯性传感器"项目,旨在为制导弹药研发"无外部导航援助"情况下的精确导航技术。在此项目资助下,2016 年 4 月,DARPA 授予 HRL 实验室一份价值 430 万美元的合同,用于研发不依赖 GPS 精确制导和导航的抗振、抗冲击惯性传感器技术,该技术将应用对称 MEMS 体系结构、集成光子学、光学测量及定位应用等方面的最新研究成果。使用"科氏振动陀螺"的二维及三维 MEMS 平台可生成先进的自动陀螺,能实现相当于、甚至优于当前 GPS 提供的精确制导能力。

4. 美国 DARPA 启动"高稳定原子钟"项目

为研制新一代原子钟,提高轻小型、低功耗平台的授时精度,2016 年,DARPA 微系统技术办公室启动"高稳定原子钟"项目,9 月,与物理科学公司、OEwaves 公司、HRL 实验室、Charles Stark Draper 实验室等四家单位签订协议,研发轻小型、高能效原子钟,旨在克服现有授时技术电池供电缺陷,解决上电频差、长期频率漂移、频率温漂等问题,提供 GPS 拒止环境下的授时信息。

该项目重点研究两个技术领域:一是开发一体化高稳定原子钟样机;二是针对可替代原子钟的架构、组件技术以及问询方法开展基础性研究。该项目将分三个阶段进行:第一阶段为实验室研究验证阶段,确保其稳定性高于现有的原子钟;第二阶段将把所有原子钟组件集成到一个体积小于 30 厘米^3 的套件中,包括微型激光器、温度控制器、关闭装置、调制器、装有振动原子的小容器及其他光学元件;第三阶段将把所有相关部件整合到一个体积不超过 50 厘米^3 的套件中。

5. 美国陆军开发视觉辅助导航系统,通过公路测试

2016 年,美国陆军研发了一种视觉辅助导航(VAN)系统,利用带有先进高速微型敏感照相机的视觉辅助导航系统及惯性测量组件作为 GPS 拒止或降级的陆军作战环境导航备份方案。系统中惯性测量单元通过与高速照相机协同工作,可产生连续的运动和方位数据。2016 年,视觉辅助导航系统样机已进行了公路车辆测试,结果表明照相机的特征检测功能可准确捕捉到路途中的一切事物,包括信号标识、其他车辆、树木等。当前该系统仍处于早期的实验室研究和现场试验阶段,预计在 2022 年左右达到技术转型点。视觉辅助导航系统可配备于陆军单兵设备和车载设备中,还有可能集成到空军平台、精确制导弹药等多种作战平台上,为不同作战环境提供辅助导航。

七、网络空间系统

网络空间装备既包括具备攻防能力的整套网络空间武器系统,也包括可用于网络空间行动的网络、网络节点、网络终端设备和其他辅助设备等。2016 年该领域的最新进展如下:两款体系化的网络武器具备全面作战能力;能够提升国防部、各军种作战能力的网络、节点和基础设施有了新突破;一些高校和企业研制的网络终端设备也取得了新进展。

(一)美国空军两款网络武器具备全面作战能力

空军 2013 年首次提出研制防御性"网络武器",并启动了包括"空军内部网络控制"(AFINC)和"网络空间脆弱性评估/捕猎者"(CVA/H)在内的 6 个研制项目。2016 年,AFINC 与 CVA/H 先后具备全面作战能力。

1. AFINC

1 月,AFINC 系统形成全面作战能力,是首套达到全面作战能力的网络空间武器系统。AFINC属于防御性网络空间武器系统,装备于空军第26网络战中队,覆盖了空军16个网络及其所有流量接入点,可控制与保护空军内部网络流量,确保其安全性。

2. "网络空间脆弱性评估/捕猎者"(CVA/H)

2月,"网络空间脆弱性评估/捕猎者"(CVA/H)武器系统形成全面作战能力。CVA/H将装备于空军第92信息战中队、第262网络战中队,可识别、修复、追踪、定位、评估网络空间中的先进持续性威胁,保障空军网络空间信息传输安全,确保空军内部网络流量安全性。

(二)美国国防信息系统局加快新型网络节点设备部署

1. 美国国防信息系统局"联合区域安全堆栈"(JRSS)

2016财年,DISA完成了50个JRSS数据站点(包括非密和涉密站点)的建立工作。联合区域安全堆栈是联合信息环境单一安全体系结构的重要组成部分,也是美国国防部首席信息官最高优先级项目之一。它将实现对美国国防部信息网络(DoDIN)和网络资源的集中式网络管理、可视化和控制。JRSS提供的网络服务包括防火墙功能、域名服务、网页内容过滤、安全监控、入侵检测、入侵防御、虚拟路由和转发。

美国国防信息系统局(DISA)于2013年启动JRSS研究与部署。JRSS旨在提供一个更加安全、灵敏、可防御的国防部一体化网络。它是一系列服务器和交换机的集合,具备很高的带宽,并提供软件包以方便实现更好的流量分析以及更及时的分享分析结果,几乎能让所有的网络控制中心立即分享分析结果。通过重塑美军的信息技术基础设施,使得每个军种不再运行独立的网络,而是在统一的信息技术架构下进行操作。完成后的JRSS将为国防部带来以下效益:一是减少连接到国防部信息网络的接入点,从而使控制点的数量受到限制,缩小网络攻击面,提高安全防护水平。国防部计划用JRSS替代目前全球1000余个网络接入点。二是JRSS拥有一些标准软件工具和服务功能,流量分析能力更强,网络运行中心未来可以更加精准的审视整个网络,掌握网络动态。也就是说,当网络流量的异常出现时,JRSS 能为美军提供一些"网络传感器",使其能够掌握更精确和及时的情报,从而了解网络上的动态以采取进一步的行动进行响应。三是效费比更高,节约用于替换安全基础设施备的经费,以及运营和维护成本的花费,估计达数十亿美元。

根据陆军战略规划显示,到 2018 年,陆军计划将超过 44 处军事设施纳入 JRSS 中,实现并入陆军工程师兵团、陆军预备役、陆军国民警卫队网络,这项工作完成时,陆军力量的 60% 都将纳入到 JRSS 中。同一时期,DISA 正与海军、海军陆战队合作推进 JRSS 2.0。2015 年 3 月,海军成立了海军转移小组,该小组作为权威机构,负责协调和指导网络流量迁移至 JRSS。这一过渡工作将持续至 2019 或 2020 财年。届时,JRSS 将取代现有的海军网络边界保护,为海军提供态势感知能力的同时,有助于确定人员、演习、装备对军队的影响。目前,DISA 已经通过一系列演练确认如何运作 JRSS。空军、陆军和海军一直在与 DISA 合作建设联合区域安全堆栈。

2. 美国国防信息系统局提出新的端点安全工具(ESS)

美国国防信息系统局提出要研发新型网络端点安全工具(ESS),以提升国防部终端设施的网络安全性。国防部现有的端点安全工具主要有:基于主机的安全系统(协助国防部检测和应对网络已知威胁)、网络安全体系结构分析工具(评估国防部信息网络的网络防御能力差距)、态势感知模块(提供信息分析与可视化)。ESS 整合了上述安全工具的相关功能,可为国防部信息网络提供安全防御体系,可为查看和操作信息数据提供资源和可视化平台,有利于上层决策和更广泛地收集信息。国家安全局、军方及相关组织如 MITER 将配合 DISA 来完成这一过渡转型工作。

3. 美国海军空间与海战系统司令部宣布采购 X - ES 公司的路由器

9 月,美国海军空间与海战系统司令部(SPAWAR)表示,为满足海军研究人员指挥、控制、通信、计算、情报、监视和侦察的工作需求,将从美 X – ES 公司订购 8 台嵌入式服务路由器。X – ES 向 SPAWAR 提供的这 8 台服务器,均基于该公司的 Xchange3000 模块,该模块搭载了 X – ES XPedite5205 嵌入式服务路由器,运行带有思科移动网络功能的 Cisco IOS 软件,这一组合允许创建移动自组织网络,而不需要连接到用于军事和应急响应的中央基础设施。X – ES XPedite5205 是一种高性能,坚固耐用的路由器,适用于恶劣环境中,如极端温度或崎岖地形下的移动应用,以及冲击和振动条件下提供可靠的操作。同时,该路由器还提供安全审计、加密、身份认证、入侵防御功能,保障传输数据的安全性。

(三)美军通过装备新型网络提升作战性能

1. 美国海军将强化舰载传感器网络

2 月,美国海军研究办公室发布了一份广泛机构公告,向企业界寻求可整合至"未来海军能力"(FNC)项目的技术,这些技术被称为一体化火力通信和互操作性,其目标是开发下一代传感器网络、电磁机动作战以及增强海军舰艇部队的综合火力。FNC 项目研究以下两个方面:一是通信即服务(CaaS),旨在使数据和信息能够通过可用数据链路的任何组合传送,通过战术数据链的组合创建按需服务网络来集成海军武器的火力。该构想无需将数据转化为不同格式,而是在各种平台上使用 CaaS 设备来封装数据,而后再将数据发送到下一跳。二是基于任务的数据分发系统,旨在提高海军当前的协同作战能力以及数据分发系统的吞吐量和可扩展性,通过融合参与任务的传感器采集的数据并且使用同一算法将其分发给所有其他参与者,创建一个共同的对空防御战术显示或"空中图像",这一技术的实现基于全部传感器数据的可用性。

2. 美国陆军装备新型机载卫星通信网络

2015 年 5 月,美国陆军首次提出通过打造"途中任务指挥能力"(EMC2)以提升士兵远征部署效能的计划。EMC2 旨在为美国陆军伞降部队在到达目的地前提供查看数字地图、战场评估和情报信息等功能,使其在着陆时掌握敌方位置坐标、布局、武器和军队结构等详细信息。该计划的具体实施是在改良版 C - 17 型运输机上安装固定式卫星天线,采用商业卫星连接。当前已经实现机载卫星组网功能,并从监控目标的无人机上获取全景图像。2016 年 10 月,美国陆军将应用 EMC2 技术的新型机载卫星系统部署于位于布拉格堡的全球快速反应部队,全球快速反应部队的任务是强行伞降突击敌方高威胁区域,该系统大大提高了其实施进攻、突袭或解救人质的效率。该移动机载卫星网络是美国陆军战术作战信息网 WIN - T 的一项新的延伸。具备 EMC2 功能的机载卫星通信网络可以提供与地面的旅级指挥所相同的带宽,为战术作战指挥人员提供了空前的态势感知和数字化协同能力,使一线作战人员实时数据分发和联合作战协调能力有了大幅的提升。

(四)美国高校与企业研发出新的网络安全终端设备

1. 美国宾夕法尼亚大学展示了一款"诱饵"网络设备

2016 年 9 月,美国宾夕法尼亚州立大学的研究人员在第十九届信息安全大会上公布了一项研究成果——创建一个可感知恶意入侵的计算机防御系统,该系统发现攻击者后将其重定向到包含少量真实网络信息的虚拟网络中,以保护真实网络。通常,黑客发动网络攻击的第一步是扫描目标系统以获取目标主机的硬件型号、运行的操作系统和软件类型及版本等相关信息。在该项研究中,研究人员不采取任何阻止黑客扫描的措施,而是设置一个检测器来监控入站 Web 流量,确定黑客开始扫描网络的时间。大规模的扫描行为通常都是恶意的。一旦检测到恶意扫描,研究人员就使用一个被称为反射器的网络设备将流量重定向到"诱饵"网络。"诱饵"网络独立于真实网络并基于物理网络搭建而成,可模拟出与保护域相同的节点数量、网络拓扑关系以及配置,以此来以假乱真,引诱黑客掉入预设的陷阱。该系统利用移动目标防御技术的原理变被动防御为主动防御,为网络管理员提供便捷修改"诱饵"网络虚拟系统的选项,黑客难以评估扫描的效果。而且,反射器在没有发生恶意攻击时可以作为常规网络设备,不会对真实网络的性能及功能造成任何影响。

2. 美 IBM 公司将超级计算机用于网络安全领域

2015 年初,IBM 率先发展"认知安全"领域。认知安全是在安全情报的大数据分析基础上,挖掘非结构化数据,帮助安全分析人员更为迅速地应对网络威胁。认知安全系统具备理解、推理和学习能力,其中,理解能力依靠包含 IBM20 多年安全研究成果的 X – Force 库,推理和学习能力借助"超级计算机 Watson"进行训练。2016 年 5 月,IBM 安全实验室宣布将利用 Watson 的认知学习能力来分析、识别和预防网络安全威胁。目前,IBM 与多所在网络安全研究领域具有突出表现的高校展开合作,开始第一阶段训练工作——每月训练近 15000 份最新的安全文件,这些文件包括威胁情报报告、网络犯罪策略及威胁数据库等。将 Watson 的认知学习能力应用于网络犯罪领域,有助于解决人工与机器之间的网络安全技能差距问题,降低应对网络犯罪的成本和复杂性。

八、国防信息基础设施

2016 年,美军继续推进国防信息基础设施现代化建设,重点增强安全高效服务能力;升级通信基础设施,提供网络信息传输能力。

(一)美国继续推进国防信息基础设施现代化建设

近年来,国防信息基础设施的现代化一直是美国国防部的工作重点。2016 年,美国国防部明确目前信息技术工作的首要任务,明确未来发展方向;联合信息环境(JIE)建设总结经验,继续推进;同时,美空军启动 Windows 10 操作系统更新工作,淘汰老旧设施。

1. 美国国防部首席信息官强调信息技术工作的首要任务

2016 年 4 月,美国国防部首席信息官特里·哈尔沃森再次明确国防部信息技术(IT)工作的首要任务,包括推动数据中心整合、IT 资产升级,以及促进国防部和工业界技术人才交流。

数据中心整合以节省人力成本。根据国防部督察长办公室发布的报告,国防部并没有完成此前制定的数据中心数量缩减任务。但哈尔沃森表示,数据中心整合依然是一项首要任务。数据中心整合会节省固定资产成本和电力消耗,以及大大节省人力成本。

IT 资产升级与联合信息环境建设。哈尔沃森表示,国防部将持续推进军事系统和 IT 资产的升级工作。联合区域安全栈是联合信息环境的重要组成部分,国防部将继续推进联合信息环境建设。按照联合信息环境的计划,国防部将授出所需硬件相关合同;同时,国防部 2017 年前将大部分服务器操作系统升级至 Windows 10 操作系统。

人才结构调整。哈尔沃森表示,国防部网络安全人员的组成结构将在未来发生改变。国防部将加强与工业界的合作,促进国防部和工业界技术人才交流。

2. 美国国防部发布信息技术发展方向

2016 年 8 月,美国国防部发布《国防部信息技术环境发展方向》报告,明确信息技术未来发展方向。国防部在网络和信息技术能力上已经具备了坚实的基础,可为战场提供多种服务。未来,国防部仍需专注基础性信息技术,增强能力,提升网络安全态势,促进信息共享。国防部信息技术环境必须是创新、协同、有效、高效的,并且能够支撑防御和进攻行动。

未来国防部将采取八大举措来确保国防部的信息技术环境满足当前的使命,并支撑未来的战略方向,主要包括:一是执行"联合信息环境"能力倡议;二是加强与盟友及业界合作关系;三是确保网络威胁环境下任务成功执行;四是建立国防部云计算环境;五是优化国防部数据中心基础设施;六是利用并加强可信信息共享;七是提供弹性通信和网络基础设施;八是强化国防部信息技术投资的监督和执行。

3. 联合区域安全栈第二阶段延期

2016 年 3 月,美国国防信息系统局(DISA)对外宣布,虽然联合区域安全栈(JRSS)第二阶段延期,但仍将继续推进 JIE 的部署。国防部作战试验鉴定局局长(DOT&E)向国会提交的 2015 年度报告显示,原定于 2015 年 10 月中旬的基于实验室的计算机网络防御演习(属于 JRSS 第二阶段)推迟到 2016 年的 11 月—12 月。

联合区域安全栈作为一套升级网络安全基础设施的设备,具备防火墙性能,可执行网络入侵检测和防护、部门管理、虚拟路由和转发等功能,是联合信息环境的重要组成部分。按照计划,联合区域安全栈完成第二阶段后,联合信息环境将实现三大目标:一是优化监控和运营工具,在联合信息环境下,持续网络监控工具可使专业人员洞察网络运行状况,满足网络运营和信息安全的需求。二是运用网络配置工具,监控未经授权的操作,便于管理,防止未经授权的网络设置改动,发现并报告违规行为。三是运用安全事件管理工具,跟踪相关人员、时间、地点。

4. 美国审计署提醒联合信息环境建设存在风险

2016 年 7 月,美国审计署发布《国防部须加强联合信息环境的监督管理》的公告,指出国防部联合信息环境(JIE)建设存在风险。目前,国防部并未对 JIE 涵盖信息设施的范围和预算使用范围进行详细的界定,不利于建设的监管与决策制定。

按照计划,国防部在 2016 财年,共花费 10 亿美元,建设 JIE。国防部已开始评估 JIE 运维所需的人力成本,但仍未确定技术人员数量与能力水平。此外,国防部还尚未制定确保 JIE 安全评估所需的执行方案。因此,国防部今年的 JIE 建设工作将主要面临这两方面问题。

该报告公布后,国防部立即着手更新 JIE 的管理结构,首先解决需要存档的决策、流程等问题,后续将针对相关支撑工作进行调整。但是,国防部仍未给出相应工作完成的时间节点。审计署建议国防部理顺流程,才能更好地帮助确定 JIE 涵盖范围、费用使用情况和工作进展情况,确保今年的建设工作顺利完成。

5. 美国空军启动 Windows 10 操作系统更新工作

2016 年 8 月,美国空军启动计算机操作系统更新工作,将所有系统更换至 Windows 10 Secure Host Baseline。该操作系统包含所有的安全认证、军用数据加密及传输记录在内的操作界面,可实现信息快速搜取。

目前,空军计算机采用的是 Windows NT 3.5/4.0/5.0、Windows 98/XP/2000/2007,以及 Red Hat 等 Linux 版本的操作系统。此次空军对操作系统的现代化改造将遵循国防部操作系统更新指令。

按照计划,新操作系统将在 2 年内完成全面更新,以提高计算机安全系数,并提升数据处理和信息交换效率。操作系统更新同时,还将淘汰不能安装 Windows 10 系统的老旧计算机。

(二) 美国海军升级通信基础设施

2016 年 7 月,美国海军启动下一代企业网络(NGEN)新一轮建设工作,投资 34 亿美元,旨在将海军及海军陆战队内部网(NMCI)升级为下一代企业网,为海军和海军陆战队提供安全的、以网络为中心的数据和服务,全部工作将于 2018 年 6 月完成。新一轮建设工作重点关注海军自有云、指控可靠性和生产力优化三方面。

NMCI 是海军及海军陆战队在美国大陆和夏威夷部署的岸基企业网,可向美国海军及海军陆战队提供单一的综合安全信息环境,目前用户包括 80 万军职与文职人员。该网采用由承包商负责运行的模式。2013 年和 2014 年海军分别与惠普公司为首的团队(包括 AT&T、IBM、洛克希德·马丁、诺斯罗普·格鲁曼公司)签署了多项采购网络设备和升级服务的合同,其中 2013 年签署的合同经费达 34.5 亿美元。

这次升级将提升海军及海军陆战队内部网的网络安全能力、数据分析能力,使其提供最终用户服务、企业服务、网络服务、视频和话音服务,尤其是基于云的服务、基础设施即服务、平台即服务、软件即服务等新服务。未来,海军将实现岸上"下一代企业网络"及海上"综合海上网络与企业服务"与更加安全的国防部 JIE 集成。

技术篇

2016 年,世界军事电子信息技术继续呈现快速发展态势,具体体现在以下多个方面:氮化镓组件技术首次应用于舰载雷达,其研发投入继续加大;新型通信技术可提高无线通信传输速率,增强抗干扰性;在研的新型软件结构,可大幅延长移动应用软件使用寿命;利用超材料伸展和收缩特性抑制电磁波散射实现雷达隐身,突破常规雷达隐身方法;网络防御技术与人工智能结合更加紧密,自动快速查找、分析和修补网络安全漏洞的能力得以提升;网络空间可视化、网络作战任务设计、网络战场分析领域取得重大技术进展,研究成果已达到实战应用水平;在计算技术方面,通过实施"欧洲云计划",欧洲在 2020 年前发展云服务和世界级数据基础设施;研制各种新型单光子源,推进量子通信实用化进程;大数据核心技术取得突破,实现大数据可视化;研发出世界首个光电子神经网络芯片,硬件处理速度提升至少 3 个数量级。

一、雷达技术

2016 年,美国继续加大氮化镓组件技术的研发投入,充分利用该技术优势将其首次应用于舰载雷达,同时开始采购首个进入生产阶段的陆基氮化镓雷达;随着隐身飞机、无人机、远程超声速巡航导弹、反舰导弹等先进打击武器的出现,各国开始关注舰载雷达的对空监视能力,并升级现役对空雷达或研制新型对空对海监视雷达;芬梅卡尼卡公司推出三平面板"鱼鹰"雷达,并将其誉为第二代有源相控阵雷达;为克服无源相控阵雷达在作战性能、功耗、可靠性等方面存在的缺陷,各国开始有计划地利用有源相控阵雷达技术升级现役的无源相控阵雷达;此外,各国还积极推进小型化雷达研制进程,以扩展雷达可部署的平台。

(一)研发雷达氮化镓组件,提高雷达发射功率、降低功耗

氮化镓具有功率容量大、功率密度高等特点,可提升雷达性能并降低功耗。2016 年,美军舰载、陆基雷达应用了氮化镓发射/接收(T/R)

组件技术,其中舰载一体化防空反导雷达已完成太平洋导弹靶场部署工作,地面/空中多任务雷达(G/ATOR)进入低速率生产阶段。

1. 美国舰载一体化防空反导雷达进入现场测试

1月,一体化防空反导雷达(AMDR)完成了第一部完整雷达阵列的制造,包括5000个T/R收发组件。美国海军于5月对AMDR进行了性能测试和校准,同时在近场靶场测试中验证了该系统对真实目标的跟踪能力,6月将其交付太平洋导弹靶场的先进雷达研发评估实验室。这标志着AMDR雷达进入现场测试阶段,包括空中、海面目标以及一体化防空反导的飞行测试。

AMDR是世界上首部采用基于GaN半导体技术T/R组件的舰载雷达。氮化镓功率密度比传统砷化镓高出一个数量级,热导率超过7倍,其主要优势是功率容量大、功率密度高,可大幅提升雷达性能并降低功耗,而组件成本仅为砷化镓的70%。若保持雷达体积不变,氮化镓固态功率模块能够大幅提高雷达的发射功率和探测距离;若保持雷达性能不变,则雷达体积和重量大大减小,并能降低雷达对制冷设备的依赖。这使得AMDR雷达在功率、重量、体积、探测能力及可靠性方面比当前雷达系统有了更大的进步,有力推动舰载有源相控阵雷达向大功率、高效率、小体积方向发展。

2. 美军陆基"爱国者"雷达升级计划顺利开展

2月,雷声公司完成了一系列"爱国者"防空导弹防御系统升级实战验证。该升级计划为"爱国者"提供了全方位360度探测能力,使"爱国者"系统在当前战斗机、无人机、巡航导弹和弹道导弹等日益复杂的威胁环境中仍处于优势地位。雷声公司研制了基于氮化镓的有源相控阵后面板阵列,并将其集成至即将投入使用的"爱国者"雷达中,同时还采用了现有和新近研发的后端处理硬件和软件。该雷达可以跟踪任何可能的目标,实现方位360度无缝覆盖。目前,"爱国者"雷达主要完成了以下任务:一是构建有源相控阵阵雷达阵列主体结构;二是构建有源相控阵雷达方舱;三是在雷达方舱内集成接收机和雷达数字信号处理器。

基于氮化镓的"爱国者"雷达采用了三个雷达阵列,以提供全方位360度探测能力。其中,主阵列利用螺栓固定替代了之前的"爱国者"天线,并增加了两个朝向后方的天线阵列,后面板阵列是主阵面大小的四分之一,使系统具备后视和主阵面侧视能力,应对来自各方位的威胁。

3. 美国空军与雷声公司共同推进下一代雷达项目

7月,美国空军研究实验与雷声公司签署了一项为期24个月、价值110万美元合约,为美军下一代雷达研发可扩展、敏捷、多模式和前端技术。在此期间,雷声公司将与美空军一同创建并演示可与下一代雷达系统集成的模块化构建块。

下一代雷达可增强雷达的防空、反火箭和迫击炮系统的性能,尤其是其便携式配置(手持式、车载和空中部署)的设计。同时,雷声公司还将与美国空军研究实验室联合探索可适应美军下一代雷达的开放式架构设计和制造模块化组件的新方法。为下一代雷达能够高效、经济地提供更高的性能,雷声公司将利用氮化镓组件替代下一代雷达的砷化镓组件。

4. 美国地面/空中多任务雷达进入低速率生产阶段

9月,美国海军陆战队与美国诺斯罗普·格鲁曼公司签署了价值3.75亿美元的合约,用于采购9部基于氮化镓技术的AN/TPS-80地面/空中任务定向雷达(G/ATOR)低速率初始生产系统。2015年9月,USMC曾授予诺斯罗普·格鲁曼公司920万美元合约,支持诺斯罗普·格鲁曼在G/ATOR中用氮化镓技术替代砷化镓技术,以此提高G/ATOR系统的性能,减少成本、重量和功耗。通过使用氮化镓技术,单个G/ATOR系统的全寿命周期内成本节约可近200万美元。

G/ATOR是美国国防部首个进入生产阶段、包含氮化镓技术的陆基有源相控阵雷达系统。氮化镓技术还可提供更低输入功率需求、更高效率和更高输出功率等优势。更高输出功率意味着能够显著增加G/ATOR所有四大功能的威胁探测和跟踪范围,包括对空监视、防空武器提示、确定敌方间接攻击点火地点和空中交通管制。

5. 美国导弹防御局为陆基 AN/TPY-2 雷达升级氮化镓组件

9月,美国导弹防御局与雷声公司签署了一份合约,根据合约要求,雷声公司开展砷化镓向氮化镓转换工艺的研究,以将氮化镓器件用于目前和未来 AN/TPY-2 雷达。将砷化镓产品转换成氮化镓产品将使弹道导弹防御雷达进一步现代化,减缓系统老旧报废问题。通过该合约,雷声公司将重新装备位于马萨诸塞州的单片微波集成电路制造工厂,为 AN/TPY-2 雷达制造氮化镓产品。

相比上一代雷达所使用的砷化镓技术,氮化镓组件已被证实的巨大优势。利用该技术雷声公司将为 AN/TPY-2 雷达制定一条明确的现代化升级改造路线,更好地应对国外弹道导弹的威胁,以使该雷达系统对民众和国家财产提供更好的保障。目前,AN/TPY-2 雷达利用砷化镓组件进行高功率传输,利用氮化镓技术可更有效地进行高功率传输。

(二)积极研发舰载对海对空雷达,以适应新型作战需求

随着无人机的威胁不断增大,一些大型舰船现役的对空监视雷达较为老旧,而小型巡逻舰仅具备对海监视雷达,这将无法满足军队的新型作战需求。为此,美军计划通过增加其他对空、对海侦察手段弥补海上作战能力。2016年,美国利用萨伯防务与安全公司的"海上长颈鹿"4A 有源相控阵雷达为小型巡逻舰提供探测、识别小型、低飞、慢速空中目标的作战能力。同时,美军为航空母舰及其他大型舰船为其研制新型对空监视雷达,填补其海用雷达市场的空白,增强海战场优势。

1. 展出对海对空监视"海上长颈鹿"4A 有源相控阵雷达

1月,萨伯防务与安全公司推出"海上长颈鹿"4A 有源相控阵雷达。该雷达是为美国海军濒海战斗舰项目所研制,同时兼顾对海、对空监视能力,以满足美国海上安全需求。"海上长颈鹿"4A 可以以每分钟60转的速度对70度的范围扫描,为用户提供目标的三维数据,这使雷达可对空中悬停和移动的直升机进行分辨。同时该雷达还装备了火箭、火炮和定位器,具有探测来袭空中目标的能力。为美军武器系统提

供目标识别能力,如防空、水面作战及远程地对空导弹等。

2. 研制下一代对空搜索雷达

8月,美国海军与雷声公司签署了一份潜在价值为7.231亿美元的合约,用于为美国海军航空母舰、大型两栖攻击舰等大型舰船研制下一代对空搜索雷达(EASR)。雷声公司将对EASR雷达进行全尺寸研发,以替换美国海军大型舰艇现役的SPS-49、SPS-48旋转雷达,并可为多种舰船提供舰船防御、态势感知、空中交通管制和天气监测功能。

该新型雷达不仅是对现役舰船装备的雷达升级,也采用了舰载雷达的一种新型设计模式,利用海军一体化防空反导雷达的雷达模块组件技术,EASR雷达具备了适应多种尺寸舰船、多任务的拓展性,并拥有先进的作战能力和较高经济可承受度。下一代对空搜索雷达将由两个变体型组成,一是旋转型相控阵,二是三面固定相控阵。两个变体型的差距主要在于天线配置。其中,旋转型将于2021年安装在新型"美国"级两栖攻击舰上,三面固定相控阵将安装在第二艘"福特"级航空母舰"肯尼迪"号。

(三)芬梅卡尼卡公司研制第二代有源相控阵雷达

2016年,芬梅卡尼卡公司推出其研制的"鱼鹰"雷达。该雷达是世界首个轻量级、可提供360度覆盖范围机载监视有源相控雷达,没有移动组件或巨大天线罩,被芬梅卡尼卡公司誉为第二代有源相控阵雷达技术。

该系列雷达由三个平面板构成,并利用电子波束技术进行高空扫描,使其具有360度的覆盖范围,以完成全天候甚至在能见度极低的环境下的威胁目标扫描。"鱼鹰"雷达所采用的水平面板设计使其可搭载在直升机、无人机等多种平台。

1. 挪威航空搜索和营救直升机将装备"鱼鹰"有源相控阵雷达

5月,挪威全天候搜索和营救飞机项目(NAWSARH)将采用芬梅卡尼卡公司研制的"鱼鹰"有源相控阵雷达。该雷达将被部署在挪威订购的16架新型阿古斯特AW109飞机上,一个平面板被放置于飞机前面,另两个放置于飞机后部。

2. 美国海军为MQ-8C"火力侦察"无人机装备"鱼鹰"雷达

10月,由于"鱼鹰"有源相控阵雷达是世界首个无移动组件及巨大雷达天线罩的雷达,为此,美国海军为MQ-8C"火力侦察"无人机订购了该雷达。根据合约要求,芬梅卡尼卡公司需为美国海军交付5套用于测试与评估的雷达系统,同时,还需提供多部可用于实战的雷达。

美国海军将采购了双平面板的"鱼鹰"雷达,安装部署时无需使用悬挂式腹部吊舱,可提供240度瞬时视场角,具备天气侦察、空对空目标侦察、地面移动目标指示等多种工作模式。在产品第一次交付时,芬梅卡尼卡公司将完成"鱼鹰"雷达与MQ-8C"火力侦察"无人机的集成工作,此外,美国海军的濒海战斗舰也将与MQ-8C"火力侦察"无人机集成。

（四）有源相控阵技术应用不断扩大,以替代无源相控阵技术

2016年,世界各国为使其现役雷达可满足新兴作战威胁,纷纷升级现役无源相控阵雷达。无源相控阵雷达在信号传输损耗、能量管理、重量、可靠性方面均存在缺陷。21世纪美国的战斗机雷达、预警与监视飞机的雷达都应是有源相控阵阵雷达体制的。事实上,除了F-22和F-35等新一代战机均装备了有源相控阵阵雷达雷达,美国对第三代现役战斗机、轰炸机、预警和监视飞机的有源相控阵阵雷达改进已列入计划。

2月,作为美国军方第四大优先采办项目,预警机搭载的联合监视目标攻击雷达系统(JSTARS)正在开展一次重大升级,其中包括雷达系统:新的JSTARS系统将采用开放式系统平台,并采用有源电子扫描阵列雷达。

JSTARS系统通过远程侦测、定位和追踪地面敌方部队,可为军方提供价值的监控和侦察信息。目前,JSTARS系统的雷达配备有大量的传感器、天线和长达 27 英尺的整流罩，其强大的侦察能力主要得益于它的动态地面目标监测器和合成孔径雷达。前者主要功能是定位和跟踪动态地面目标，后者主要功能是捕捉静态目标。有源阵雷达是目前美国空军使用的主要电子扫描阵列雷达类型。采用现代化的有源阵雷达一方面能使升级后的 JSTARS 系统达到任务要求，另一方面则能使预警机采用更小的民航机体。同时，为了让有源阵雷达与 JSTARS 系统兼容，升级项目计划采用开放式架构技术。

（五）推进小型化雷达研制进程，部署于微型平台

世界主要国家继续研制小型化雷达，使其可部署于无人机等微型平台。由于传统成像雷达由于尺寸与重量方面的原因，目前大部分雷达仅可利用昂贵的卫星或空中平台搭载。

3 月，新加坡南洋技术大学的研究人员研发出一种可部署于小型化、微型化平台的片上成像雷达，使小型无人机或卫星携带可全天候成像的合成孔径雷达（SAR）成为可能。该片上雷达系统是在 65 纳米的 CMOS 电路的基础上加工而成，其尺寸只有指尖大小，微型电路片集成了 Ku 波段调频连续波的雷达收发器，包括编码脉冲信号生成器、无线电发射机与接收机、解码处理与模拟数字转换等装置，计划搭载到无人机、地面车辆或卫星上，用于 SAR 成像。单片 SAR 接收机/发射机尺寸小于 10 毫米^2，功耗低于 200 毫瓦，分辨率高于 0.20 米。如果按照 0.03 米 × 0.04 米 × 0.05 米规格进行封装，整个系统总重低于 0.1 千克，从而可配备到微型无人机或小型卫星上工作。研究人员已经对由小型雷达收发器、天线和处理器组成的系统进行了 SAR 成像性能测试。

10 月，美国无人机雷达公司（UAVradars）研制出可部署于小型固定翼无人机的小型化雷达，并对其开展测试工作。该雷达可部署于能够搭载 4.54 千克有效载荷的无人机上，进行高建筑物、通用航空飞机和其他非己方飞机的规避行为。目前，该公司已经获得美国国家航空航天局"小型企业创新研究"（SBIR）项目第二阶段的资助。

二、军用通信与网络技术

军事通信与网络技术是构成作战体系,发挥整体作战效能不可或缺的技术,也是世界各国重点发展的军事电子技术之一。2016年,在卫星通信领域,美国积极资助小卫星通信研究;欧洲实现星间激光通信技术实用化。在无线通信领域,美国发展新型通信技术,提高无线通信传输速率,增强抗干扰性,并发展第五代移动通信网技术。此外,美国积极发展机载通信技术,增强机载组网能力。

(一)发展卫星通信新技术,提升卫星通信能力

1. 卫星激光通信技术进入实用阶段

1月30日,欧洲在"空间数据高速公路"(EDRS)项目资助下,发射了全球首个业务型卫星激光通信载荷(EDRS-A),星间数据传输速率达到1.8吉比特/秒,提高了1倍以上,能为低轨遥感卫星提供稳定的大容量数据实时中继服务,标志着星间激光通信技术已进入实用阶段。

EDRS-A主要由激光通信系统和微波通信系统构成,激光通信系统主要用于星间通信,并可将数据处理成微波信号,再经微波通信系统实现星地间通信。激光通信系统可在600~800千米高的低轨卫星与地球静止轨道卫星间建立激光通信链路,最大作用距离为4.5万千米,能在55秒内完成整个捕获、对准和建立链接过程,并在7.8千米/秒的相对速度下保持链接,跟踪精度约为2微弧。微波通信系统采用Ka频段工作频率,最大数据传输速率与激光通信系统均为1.8吉比特/秒,可确保连续的数据传输。未来,EDRS系统可从对地观测卫星、无人机、侦察机甚至空间站转发大容量信息。

2. 美国DARPA资助小卫星激光通信技术研究

5月,DARPA授予LGS创新公司"小卫星传感器"项目研发合同,研发轻量级激光通信终端,为作战人员提供更强的卫星通信能力。合

同金额 500 万美元,为期 2 年。根据合同,LGS 创新公司将研制两个激光通信终端,重量均小于 0.9 千克,功耗均小于 3 瓦,最终目标是将终端集成到不足 45 千克的卫星上并进行飞行测试。小卫星星座可通过星间激光链路为部队提供高带宽、抗干扰、低拦截率的通信能力。

3. 美国陆军推进小卫星通信服务能力演示验证

9 月,美国陆军宣布计划在下一次小卫星演示验证任务中,验证"陆军全球动中通卫星通信"(ARGOS)系统的通信能力。小卫星成本较低,是美陆军重点发展的太空装备,在前两次试验中,验证了第三代小卫星的软件定义无线电技术和加密通信技术等。与前两代小卫星相比,第三代小卫星采用特高频和 Ka 波段,工作频率更高和数据传输速率更快。

ARGOS 系统由 16 颗小卫星组成,通信覆盖范围包括美国南方司令部、非洲司令部及部分太平洋司令部所辖战区。目前,美陆军 AR-GOS 计划面临两项任务。一是发射系统,美陆军起初寻求自研发射系统,开展了"多用途纳导弹系统"(MNMS)三级火箭项目和"士兵 – 作战人员响应太空部署器"(SWORDS)项目,后成本过高转而寻求利用民用发射系统,轨道 ATK 公司的"飞马座"火箭和维珍银河公司的"发射者一号"火箭均可能入选。二是卫星地面段建设与服务,美陆军希望独立研发并开展相关技术试验。

4. 美陆军积极发展充气式卫星通信终端天线

5 月,美陆军授予立方公司两份充气式卫星通信终端天线研制合同。一份合同属于第三阶段小企业创新研究(SBIR)计划,金额超过 500 万美元,将分别研制 5 个中、小型充气式卫星通信终端天线,集成并测试"移动战术指挥通信"(T2C2)充气式卫星通信终端天线及其软件系统,计划部署超过 780 部"地面收发天线"(GATR)充气式卫星通信终端天线。另一份合同,陆军授权立方公司为"作战人员战术信息网"(WIN – T)研制 10 个充气式卫星通信终端,合同金额 320 万美元,以支撑移动战术指挥通信。

5. 法国、以色列展示新型卫星通信终端

2016 年 6 月,巴黎欧洲防务展会上,以色列航空工业公司和法国泰勒斯公司分别展示新型卫星通信终端。

以色列航空工业公司展出了新型微型移动卫星通信终端 ELK - 1882A,可为步兵单兵提供超视距(BLOS)话音和数据通信,该终端包括一个相控阵天线、一个软件定义无线电台(SDR)模块和一个电源(通常为一个电池组),使用商用卫星 Ku 波段运行。该设备体积足够小,可以装配到士兵身上,能够在作战人员移动过程中使用,或车载使用。ELK - 1882A主要用于小集群独立作战,例如特种兵,或者在传统地形遮挡、距离太远等不能使用传统无线电通信的情况下供地面部队作战使用。此终端还能以与较大静态终端相同的方式,为断开的地面通信之间提供搭桥功能。

法国泰勒斯公司展示了一种 Ka 波段(19~31 吉赫)版本的 SatMov X 波(7~8 吉赫)混合可控主动式天线,该天线基于贴片相控阵技术,将离散组件组合到机械轴上。原始的 X 波段天线只有一个机械轴,新型 Ka 波段 SatMove 天线具有两个机械轴和一个电子轴,消除了顶部的锁眼效应。该天线数据传输率可达到 13 兆比特/秒,在移动 30 秒内可获取卫星数据,链路短暂损耗后可在 2 秒内恢复。新型 Ka 波段版天线的基座与 X 波段版相同,均采用简单的螺栓连接和电子接口,允许车辆之间的天线简易交换。X 波段天线供法国陆军使用,作为移动指挥车辆卫星通信(VENUS)项目的一部分,使用的是 Syracuse 卫星系统。

(二) 发展无线通信新技术,提高无线传输速率

1. 美国研制新型环形组件,使无线通信容量加倍

4 月,哥伦比亚大学在 DARPA"商业时标阵列"(ACT)项目资助下研制出新型微环电子组件,使单个天线在两个方向同时获取无线频率信号,单根天线可同时发送和接收信号,实现了无线电通信容量加倍,可提供更快的网页搜索和下载速度。

双向射频系统需要发送和接收交叉进行,以避免互相干扰,会减慢通信速率。双向射频系统还需要发送和接收使用两个不同的频率,会占用更多的电磁频谱,这与美国国防部高效使用电磁频谱的理念背道而驰。新型微型环形电子组件新的环形组件能够实现全双工系统,允许同时讲话和收听,允许移动设备和雷达系统使用全双工通信,对于雷达而言,有助于消除在发送和接收模式下移动时产生的盲点。

2. 美国发展第 5 代移动通信网,有望突破军民互通壁垒

7 月,美国总统奥巴马宣布投入 4 亿美元,由美国国家科学基金委员会(NSF)牵头"先进无线通信研究计划"项目,开展第 5 代移动通信高频传输研究。此前,美国联邦通信委员会(FCC)已决定对第 5 代移动通信系统开放高频段(带宽 10.85 吉赫)频谱资源,进一步提升信息传输能力。FCC 将高频段使用权限授予民用移动通信系统,意味着美军/民用无线通信系统具备互联互通能力。

第 5 代移动通信系统中明确定义了高移动性场景下通信卫星与飞机等高速移动平台的数据通信方案和接口,能够支持高达 1 吉比特/秒的理论传输速率,系统还支持地面移动基站和终端与卫星系统的直接高速数据通信。

软件定义网络是第 5 代移动通信系统另一个典型特点。软件定义网络技术是指配置通用的处理单元和天线单元硬件,通过将多种通信系统的协议写入内置模块,从而用一套终端支持各种无线通信技术。通过在军用终端支持软件定义网络,写入不同制式的移动通信系统协议,美军通信终端将直接利用民用通信系统进行军用通信加密。

第 5 代移动通信系统具备的空天一体化通信能力与战场通信的需求完全契合,借助成熟稳定的软件定义网络技术,美军能够降低军用通信系统资源的使用,利用民用无线通信系统进行战场通信,可降低美军作战成本。第 5 代移动通信系统借助全双工通信、大规模天线系统等先进的解决方案,系统传输速率有了质的飞跃,可以轻松满足未来战场大数据传输任务。此外,第 5 代移动通信系统拥有分布式部署的地面基站,难以完全摧毁,因而具有极强的战场生存能力,可作为美军战场信息化的备份系统。第五代移动通信系统与卫星网络的互连互通,弥补了民用移动通信系统在沙漠、海洋等特殊环境的覆盖不足问题。

3. 美国开发"无线低语"技术,超宽频带抗干扰射频通信技术取得突破性进展

8月,DARPA"超宽带可用射频通信"(HERMES)项目取得重要研究进展,加州大学圣地亚哥分校研究团队开发出"无线低语"技术,几乎不需要任何功耗,就能够充分利用频谱中未使用频率实现信号抗干扰传输,该技术可利用非授权的 WiFi 波段以及大部分授权频率。"无线低语"技术中,研究人员将"光梳"置于像头发一样纤细的光纤中,在单一光纤中可处理上百个频率,这种处理能力过去通常需要极度耗电的超级计算机来实现,不适合配备在小型无人机上。利用该技术,通信系统几乎零功耗地重建信号,最大限度地挖掘频谱中未使用的频率,通过窄带滤波等手段确保信号即便面对 10 万倍强度的干扰信号也能够被接收到,这类似于在一个充满欢呼声的足球场中提取一个微弱的声音,研究团队当前正致力于将频谱扩展至 10 吉赫或更高,并将接收机尺寸缩小至芯片级,从而实现在无人机上的集成。

"无线低语"技术通过开辟受限频率,并减小链路功耗,可能最终实现移动通信系统转型,这一研究进展为接入大量未充分利用的、具有更高级别安全性和私密性的电磁频谱开辟了新的方法。

"超宽带可用射频通信"(HERMES)项目,启动于 2014 年,旨在寻求确保超宽频带可用、具备强抗干扰性能的先进通信技术,可提供超过 10 吉赫的瞬时带宽扩频通信链路,能够在 20 吉赫以下采用编码增益和频谱滤波进行工作,而且能够减少大气吸收。HERMES 项目利用光纤通信的优势,实现超宽带、强抗干扰、抗截获无线通信,对于未来无人机群的内外部通信至关重要。

（三）发展机载通信技术，增强组网能力

1. 雷声公司开发用于无缝机载通信的下一代组网技术

7月，雷声公司获得两项合同，开发保证新一代飞行器恶劣环境下无缝通信的组网技术，总价值900万美元。此项技术由美国DARPA"基于任务优化的自适应动态组网"（DyNAMO）项目资助，技术开发由雷声全资子公司BBN技术公司负责，BNN技术公司将会提供新的组网方案，开发两种能力：一是使无线电反应参数适应不断变化的需求信息和条件，以使当前及未来的机载网络实现彼此通信；二是在网络之间建立有效的信息共享途径，目前的机载网络不具有这种能力，一旦实现突破，基于机载网络运行的应用程序可以共享相关数据。

DyNAMO项目将促进驾驶不同类型飞机、使用不同类型传感器套件的飞行员，更容易地实现信息共享，增强其对战场空间全面、深入的认识。

2. 美国陆军开发途中任务指挥能力，提升伞降兵机载卫星组网能力

10月，美国陆军部署为新型机载卫星通信系统开发"途中任务指挥能力"（EMC2）技术，支持空降兵的话音、视频与数据通信。EMC2技术旨在为美国陆军空降机动部队，提供有关作战目的地的相关战术和战略信息。例如，EMC2能够在伞降兵向目的地机动的过程中为其提供查看数字地图、战场评估和情报信息的能力，而不必等到到达目的地时再获取信息。EMC2技术增强了空降兵执行任务途中的态势感知能力。

EMC2技术，已在"C－17"运输机的货物仓实现了机载卫星组网能力演示，采用商业卫星连接，为机动过程中的伞降兵提供了动态监控能力，可运行AN/PRC－152宽带组网电台、商业卫星通信能力和ANW2波形。

该机动机载卫星网络通信技术是陆军战术作战信息网（WIN－T）

的全新扩展,美国陆军在未来数年内都将继续开发此项技术。

三、军用软件技术

2016 年,军用软件技术仍不断创新,软件应用技术多元化提升武器装备性能。软件开发技术侧重于提高软件质量、安全可靠性。软件应用、升级对武器装备性能提升所起的作用越来越大。军用软件技术总体呈现出发展平稳、局部创新的态势。

(一)软件研发工具技术不断创新,提高军用软件寿命,保障软件质量

美国注重军用软件的安全性和可持续性,努力从软件研发工具着手,研究结构框架和辅助开发工具,促进军用软件的发展。

1. 雷声公司将研制开发新软件结构框架延长软件寿命

5 月,DARPA 授予雷声 BBN 技术公司"构建资源自适应软件系统"项目研发合同,开发新的软件结构,将移动应用软件使用寿命延长至100 年,项目经费 780 万美元,研发周期 4 年。目前,美军正在使用大量移动应用软件,但操作系统升级频繁、新型电子信息装备列装和升级都对移动应用软件提出了更高的要求。为此,雷声公司将联合安全合作公司、俄勒冈州立大学、范德堡大学和锡拉丘兹大学,研究这些变化对软件功能的影响,并探索如何消除这些影响。

2. DARPA 启动研发软件质量测试工具

1 月,DARPA 与美国伽马技术公司合作,启动"可用于配置的网络防御移植漏洞"项目,研发测试、评估工具,有效检测软件开发过程中产生的漏洞,提升软件质量及安全可靠性。按照计划,该项目将创建现实评估基准,测试在特定操作环境下软件的漏洞检测与补救有效性。根据该基准开发出的测试工具套装,整体功能将优于现有的国家安全局可靠性软件中心的测试工具。

3. 林肯实验室软件分析工具获美国"百项研发大奖"

年初,林肯实验室开发的"软件可移植性动态分析平台"(PANDA)在第53届美国"百大科技奖和技术大会"荣获研发大奖。PANDA采用逆向工程技术(也称动态分析技术),记录问题并多次回放,排查软件缺陷。目前,麻省理工学院及开源社区共开发出40多款用于软件可移植性分析的应用插件,可提升软件产品的安全性能,加快软件漏洞研究及代码更新。

(二)软件应用多元化,提升武器装备性能

软件应用技术向多元化发展,提升武器装备性能,帮助解决战场诸多难题。

1. 美国空军F-35A战斗机升级软件研发完成

5月,美国空军F-35A联合攻击机软件升级测试完毕,修补了Block 3I版本的代码漏洞,该漏洞曾导致机载雷达每4小时停止工作一次。目前,飞机已使用升级后的软件飞行超过100小时,稳定性比原版本提高3倍,下一步将升级全部F-35战斗机。

2. 洛克希德·马丁公司借助软件加速F-35战斗机武器试验

8月,在为期1个月的F-35联合攻击机机载武器测试中,洛克希德·马丁公司利用Block 3F软件完成了12项武器投射精度测试和13项武器分离测试。30种武器参与了本次测试,包括波音公司的"联合直接攻击弹药"(JDAM)和GPS制导的"小直径炸弹"(SDB)、雷声公司的AIM-120"先进中距空空导弹"(AMRAAM)和AIM-9X。

3. 美国海军启动弹道导弹防御系统软件研发

3月,美国海军启动"海上一体化防空反导规划系统"(MIPS)项目,研发弹道导弹防御系统软件,帮助海军有效定位水面战舰,提升弹道导弹防御能力。MIPS系统将装备水面舰艇海上作战中心(MOC)及水面舰艇平台,提供一体化防空反导规划和近实时的态势感知能力。通过该项目,美国海军还将更新防空反导模型,与"宙斯盾"弹道导弹

防御能力升级保持同步。此外,项目还将开展更新 MIPS 软件套件、维护现有建模、界面开发更新、系统维护、信息保障等工作。

4. 美国 Progeny 公司为海军研发潜艇战斗软件

2 月,美国海军海上系统司令部授予 Progeny 公司 5470 万美元合同,用于研发"有效载荷控制系统"(PCS)软件,计划 2021 年完成硬件兼容测试工作,装备海军全部潜艇。PCS 是美国海军 AN/BYG-1 潜艇作战控制系统的三大应用软件之一,另外两个应用软件分别为"战术控制系统"(TCS)和"信息保障"(IA)。PCS 可控制所有艇上有效载荷,包括鱼雷、水雷、战斧巡航导弹、模块化重型潜航器(MUHV)、无人潜航器(UUV)、无人机系统(UAS)、对抗装备等。AN/BYG-1 潜艇作战控制系统装备美海军"洛杉矶"级、"海狼"级、"弗吉尼亚"级攻击型核潜艇,"俄亥俄"级巡航导弹核潜艇及澳大利亚"柯林斯"级攻击型核潜艇。

5. P-8A 反潜机将列装"米诺陶"系统软件

8 月,美国海军授予波音公司 6080 万美元合同,为 P-8A 反潜机安装"米诺陶"系统软件,提高其对海、对潜探测能力。"米诺陶"系统软件具有传感器数据融合及态势感知图生成、共享能力,其基本功能包括地面雷达跟踪传感器偏差校正、数据关联、任务回放、传感器控制、传感器显示与跟踪管理。该系统软件可提升 P-8A 反潜机的目标跟踪管理和任务管理能力,自动关联对海搜索雷达和电磁波谱传感器数据,显著提高目标定位精度。

6. 林肯实验室开发出"防御分布式交战协调器"软件

2 月,美国海军研究署联合麻省理工学院林肯实验室,开发出"防御分布式交战协调器"(SDDEC)系统软件,能自动评估反舰威胁,为作战人员推送参考行动方案。目前,弹道导弹和巡航导弹发展迅速,严重威胁到水面舰艇安全,除加装反导武器装备外,对这些装备的有效管理也成为亟待解决的问题。为此,美海军 2014 年启动了 SDDEC 项目,开发一款决策辅助软件,引导作战人员选择、使用反导装备对抗导弹威胁,解决三大问题:一是装备不同反导武器的多艘舰艇如何协同应对威胁的问题;二是面对不同威胁时,如何应对威胁的问题;三是战场态势变化快,如何提供实时决策支持的问题。

7. 洛克希德·马丁公司开发复杂空战决策辅助软件工具

5月,美国空军研究实验室授予洛克希德·马丁公司1620万美元合同,为机载系统开发空战决策辅助软件,其核心技术转化自 DARPA "分布式作战管理"(DBM)项目。目前,洛克希德·马丁公司已完成测试场景的初步设计。在由 E-2D 预警机、无人机及 F-35 联合攻击机组成的编队执行任务时,容易受到敌方干扰,导致战术数据链、卫星通信链路及监视雷达失效,此时作战人员可通过无人机的红外传感和通信中继功能保护飞机。E-2D 预警机的 DBM 工具将无人机收集到的威胁目标数据融合,并规划出作战方案,向战斗机发出作战指令。未来,DBM 规划工具将增强美国空军在强大电磁干扰威胁环境下的协同作战能力。

8. 俄军电台通过软件升级速率提升近 10 倍

6月,俄罗斯联合仪表公司开发出新型军用电台软件,将 Акведук 电台指令和数据传输速率提高近 10 倍。Акведук 电台由星座公司研制生产,是俄军战术级自动化指挥系统的主要通信手段,装备多种轮式或履带车辆及各种司令部指挥车和通信台站。该电台采用软件定义无线电技术,具备抗干扰能力。联合仪表公司开发的软件使电台性能显著提高,可自主维持通信、调整通信频率、自适应干扰等对抗环境,同时该软件可不断升级、扩展电台能力,无需改变电台硬件结构。

(三) 对于软件开发难度的判断失误,造成项目进度落后

3月,美国国家航空航天局(NASA)审计办公室(OIG)发布报告,肯尼迪航天中心"空间发射系统"(SLS)火箭与"猎户座"飞船未来发射的地面软件成本超支且进度落后,其根本原因在于对软件开发难度的判断失误。

该软件名为"航天发射场指挥与控制系统"(SCCS),将处理 SLS/ "猎户座"的地面操作指令。在审计过程中,SCCS 系统成本超出预算 75%,且进度与原计划相比落后了一年。该项目始于 2006 年,NASA 在

"星座"项目下开始研发该软件,旨在实现航天发射地面操作所需要的各自独立的计算机系统连接。在 NASA 以 SLS 和"猎户座"取代"星座"项目后,SCCS 工作转移到当前的 SCCS 项目。2012 年,NASA 预计,2012—2025 年 SCCS 的研发和维护总成本为 1.173 亿美元。在 NASA 最新的预算请求中,总成本增至 2.074 亿美元,增长了 77%。2014 年,NASA 预计,SCCS 研发工作将在 2016 年 7 月完成。但目前该研发工作并未完成,乐观估计最早于 2017 年 9 月完成。

其根本原因在于 NASA 低估了 SCCS 的研发难度,低估了各个软件模块之间的对接难度。此外,NASA 没有为该软件研发任务设置合理的备选方案也是项目进度落后的重要原因。为此,NASA 不得不推迟首次 SLS 发射的时间。

NASA 表示将在 2017 年,软件研发完成后进行独立评估,总结经验,研究进行后续任务所需的调整措施。

四、隐身与反隐身技术

2016 年,世界各国在意识到隐身飞机的能力后,开始积极研发隐身与反隐身技术。隐身与反隐身技术的发展相互制约、相互促进。雷达隐身技术主要是基于反射和吸波原理来实现目标隐身,反隐身技术主要包括无源/多基地雷达、甚高频雷达、超视距雷达等技术。

(一)雷达隐身与反隐身技术

2016 年,美国在隐身领域占据领先优势,并突破常规的雷达隐身方法,利用超材料伸展和收缩特性抑制电磁波散射实现雷达隐身。俄罗斯则在反隐身方面领先,部署了"天空"-Y 米波雷达、"向日葵"低频超视距雷达等反隐身装备,其他国家紧随其后。

1. 雷达隐身技术

美军为提高 F-22 战斗机的隐身性能,将 F-35 战斗机的吸波涂层应用于 F-22 战斗机;爱荷华州立大学研究出可降低雷达反射波的超材料。韩国也积极推进其在雷达隐身技术方面的研究,并将雷达吸波涂层技术应用于舰艇平台。

1) 美军 F-22 战斗机将应用 F-35 战斗机的雷达吸波涂层

2 月,为解决 F-22 战斗机作战时的超声速巡航和极端高度对材料施加的压力问题,美军计划使用 F-35 战斗机的改进型雷达吸波涂层,以利用 F-35 战斗机低可探测涂层和缝隙填充方面的优势,涂层材料不会增加 F-22 的雷达反射截面。同时,美军改善了涂层材料的耐久性,以减轻空军维护负担,节省大量维护时间和成本。目前,F-22 战斗机第 9 批次生产型只使用了部分的新隐身涂层,其他改进的隐身材料还在进行最终的合格试验,并于 2017 年投放使用。一旦试验完成,美军将使用该涂层翻新所有的 F-22 战斗机。

2) 美国研制出可用于全向雷达隐身的新型聚合物超材料

3 月,美国爱荷华州立大学研发出一种柔性、可伸缩、具有调谐选择性的超材料蒙皮(Meta-skin)。该超材料可作为一种柔性隐身"外衣",包覆在物体表面,显著抑制物体表面对宽带微波的散射,可降低雷达反射波,用于雷达隐身。该超材料由硅胶薄膜及镶嵌在硅胶薄膜内的开口环形谐振器阵列组成。开口环形谐振器由镓铟锡合金超原子(室温下为液态)组成,外半径为 2.5 毫米,厚度 0.5 毫米,开口宽 1 毫米。谐振器环起到电感器的作用,开口起到电容器作用,两者结合在一起,可捕获并抑制特定频率电磁波的散射。

当前采用的雷达隐身技术主要通过减少雷达波的反向散射(即减少反射给探测雷达的电磁波能量)实现隐身效果,只能应对较窄频段的电磁波。与其不同,该超材料通过伸展和收缩改变开口环形谐振器的形状,进而改变谐振器的电感参数与电容参数,调整抑制电磁波的频率范围,实现在更宽频段内、全方位抑制电磁波散射。试验显示,这种超材料包裹在曲面绝缘体表面上,能够有效吸收特定频率范围内的电磁波,大幅抑制其向各个方向的散射,对频率范围为 8~10 吉赫的电磁波,吸收率达75%。

3)韩国研究中心推出可应用于舰艇的雷达吸波涂层技术

8月,韩国研究中心公布新型雷达吸波"隐身涂料"。该雷达吸波涂料由韩国海事和海洋大学隐身技术中心研发,可为海军舰船、军用飞机和战车提供表面伪装,有效规避雷达探测。韩国将发展雷达隐身和反隐身技术作为其长期国防战略的一部分,为解决这种涉及军事利益的技术,该中心已开发出多种类型涂料,以满足韩国海军和空军的不同需求,并正与本土国防承包商进行协商。

雷达吸波材料可喷涂在需保护平台表面,与现有的陶瓷或金属片型电磁波吸波材料相比,更轻、更持久且更便宜。涂有该吸波涂料的铁片,可吸收高达99%的雷达波。该涂料可大大减少军舰的雷达可探测性,有效避免导弹打击,从而提高舰船生存能力。此外,由于该涂料是喷雾型,便于均匀地用于任何表面,从而可节约大量喷涂时间,成本也更为低廉。该新材料已成功通过韩国试验与研究机构的11项指标认证,预计将首先应用于海军武器系统。韩国大宇造船和船舶工程公司考虑在其正在研发的最新型驱逐舰上使用该涂料。

2. 雷达反隐身技术

俄罗斯在雷达反隐身技术方面保持领先地位。北约不断加强在东欧地区的军事部署,特别是美国向东欧地区多次派出F-22隐身战斗机,对俄罗斯国家安全构成重大威胁。为了对抗美国隐身战斗机,俄罗斯分别部署了"天空"-Y米波雷达和"向日葵"低频超视距雷达,用于雷达反隐身,以增强国家的作战防御能力。

1)俄军装备可探测高超声速导弹的反隐身雷达

5月,俄罗斯为西部军区装备反隐身雷达——"天空"-Y米波雷达。该雷达可在自动状态下工作,并自动接入各部队的指挥系统,同时能够向S-300、S-400等各种防空导弹系统提供空中目标坐标,从而让西部军区有能力完全控制自己的管区。

该雷达将成为俄军反隐身战斗机的主要力量,可探测高度7.5万米、600 千米外的飞行目标。在弹道目标跟踪模式下,对高速机动目标的更新和信息发布速度快、探测距离远。它的最大特点是可在强干扰条件下监视小型高超声速机动目标,对使用隐身技术的目标具有较高的探测能力。该雷达是一种自动化适应系统,具有较高的战术技术性能,能发现小型及隐身目标,保障全天候高效监控。

2) 俄罗斯"向日葵"雷达能够探测和跟踪 F-35 飞机

7 月,据俄媒体称,"向日葵"(Podsolnukh)低频超视距雷达能够探测和跟踪第五代隐身战斗机(如 F-35 战斗机)及其他隐身飞机。目前,大部分隐身飞机主要降低 C、X、Ku 波段和部分 S 波段的雷达能量散射,虽然这些飞机有着较低可侦测度的造型和雷达吸收涂层,但低频雷达的共振效应还可侦测到隐身飞机。

"向日葵"雷达是由远程无线电通信科研所研发,俄罗斯国防部计划在北极地区及南部和东部边界部署该型雷达。但据媒体称,该雷达最远可在 500 千米距离范围内探测海面和空中物体,也可以在自动模式下同时探测、追踪和分类最多 300 个海上和 100 个空中目标。但对于探测隐身飞机而言,该雷达只提醒防空人员某个区域内可能存在隐身飞机,可能无法做到精确探测,也无法提供有用的目标轨道信息。

(二) 红外隐身与反隐身技术

2016 年,美国空军计划将在其 B-21 轰炸机上使用红外隐身技术,以应对其超声速巡航能力所造成的红外探测问题。

2016 年初,美国空军将新一代轰炸机命名为 B-21,在未来作战中正式取代现役的 B-2 轰炸机成为下一代美军轰炸机主战力量。由于 B-21 轰炸机可能具备超声速巡航能力,而高速飞行会导致机体和空气摩擦生热,这将大幅加大红外探测装置及红外信号被探测到的距离,因此 B-21 轰炸机将采取相应的红外隐身措施对机体进行降温。这些措施包括给飞机涂红外隐身涂层,在尾喷口加入冷却剂等。B-21 轰炸机还有可能采取可见光隐身涂层,这种涂层可以根据背景变换颜色,加大目视侦察的难度。

五、网络空间技术

进入 21 世纪,网络空间技术被世界军事强国视为确保国家安全和增强作战能力所必须发展的关键技术之一,技术优势已成为网络空间战略制高点。美国等军事强国十分注重技术创新和快速转化应用,2016 年在网络攻击、防御和测评技术领域均取得了新进展。

(一)攻击技术注重打造对全球网络空间的监控与攻击能力

近年来,各类不同的网络攻击技术正在暗中快速发展。2016 年,美国、新加坡、利比亚等多国遭受了新型恶意程序的攻击并造成严重后果;网络中出现一款难以破解的勒索软件,给用户造成了严重经济损失;以色列一家公司正式发布全球手机终极拦截系统,将对全球手机用户的隐私安全构成重大威胁。

1. 新型恶意程序致使多国网络瘫痪

10 月 21 日,美国出现了大规模的网络瘫痪,大量主要网站受到黑客 DDoS 攻击,引发严重经济损失;10 月 25 日,新加坡三大电信公司之一 StarHub 连续两次遭受网络攻击,造成部分宽带用户网络中断;11 月,利比亚也遭遇了类似攻击,导致全国网络瘫痪。研究表明,这一系列 DDoS 攻击的罪魁祸首是 Mirai 和 Rctelnet 恶意程序。Mirai 恶意程序可以感染基于 Linux 系统的物联网设备端口,并能发起 DDoS 攻击,使系统忙于处理海量的查询请求数据包,无法处理正常服务请求,此次利比亚遭受的攻击流量高达 500 吉比特/秒以上,足以让整个国家的网络瘫痪。Rctelnet 是首个采用 IPV6 协议和 IP 欺骗的新型恶意程序,具备较强的隐蔽性,能够对使用设备出厂用户名和初始密码的物联网设备进行暴力破解。目前,跟踪这两种恶意程序的唯一方法是从运行的设备内存中提取它们,但是普通用户并不具备这种专业能力,加之 Mirai 的源码已在网上公开,只要黑客找到攻击端口,就能发动大规模的网络攻击。

2. 网络中出现了一款名为 DXXD 2.0 的勒索软件

2016 年,出现了一款名为 DXXD 2.0 的勒索软件,计算机一旦被该软件控制,相关数据就会被锁定,造成数据无法访问,用户要想解锁,需要向黑客缴纳赎金。DXXD 2.0 勒索软件的主要特征如下:该软件由恶意网站下载或者其他恶意程序生成,可以感染计算机;被该软件加密后的文件扩展名为".dxxd";与 1.0 版本相比,此版本能够直接修改 Windows 操作系统注册表设置,用户只要登陆计算机,就会看到勒索信息,里面包含了黑客的邮件联系方式。用户计算机感染 DXXD 2.0 的过程如下:黑客首先利用社交工程方式诱导用户进入恶意页面,然后让用户下载恶意程序,并在用户系统中启动勒索软件进程,最后勒索软件找准攻击目标,将用户重要文档进行加密,并在系统中显示勒索信息。由于 DXXD 2.0 版本的勒索软件破解难度较高,所以很多用户不得不缴纳赎金。近两年来,这种通过加密用户的数据来勒索用户的黑客活动已经越来越频繁,已经给计算机用户造成了严重的经济损失。2014 年,日本信息处理机构(IPA)就曾将勒索软件列为"信息安全十大威胁"之一。

3. 以色列全球手机终极拦截系统推向应用市场

"斯诺登事件"之后,相关漏洞和后门引发的数据泄露事件呈现不断上升趋势。2015 年 12 月,德国研究人员曝出 SS7 通信协议存在巨大安全漏洞,该漏洞可导致用户数据遭到大规模的窃听和盗取,且能抵抗加密技术。2016 年 5 月,以色列 Ability 公司正式发布全球手机终极拦截系统,该拦截系统具有以下特点:一是基于 SS7 漏洞,采用卫星定位及蜂窝通信技术,拦截 GSM/UMTS/LTE(2G/3G/4G)手机短信、话音;二是仅需移动设备的电话号码或国际移动用户识别码,即可对全球范围内的通信设备进行定位和监听;三是可根据用户需求定制系统,价格 500 万~2000 万美元不等。该拦截系统在 6 月中旬完成基础设施建设,并成功获得第一份订单。该系统的全面推广与部署,将极大地威胁全球手机用户的隐私安全。

(二)防御技术更加强调跨学科发展和面向实战应用

进入 21 世纪后,大国将网络安全视为确保国家安全的关键环节,不断发展防御技术提升自身网络安全。2016 年,美国等国在防御技术领域创新点频出,特别是在人工智能技术与网络防御的融合、无人机网络安全的防御技术、网络攻击溯源技术、欺骗性网络防御技术等领域,均出现了最新研究进展。

1. 网络防御技术与人工智能结合更加紧密

8 月,美国国防高级研究计划局(DARPA)举办了"网络大挑战"(CGC)决赛,比赛中各参赛队伍设计的"机器人黑客"非常擅长于自动快速查找、分析和修补安全漏洞,充分展现了人工智能技术在自动网络防御方面的巨大优势。CGC 的决赛主题全部由 DARPA 设计,重点是自动化漏洞挖掘领域的相关难题。决赛中,DARPA 向各支团队提供了一段包含了大量漏洞的代码,7 支参赛团队利用"机器人黑客"进行漏洞自动查找,同时根据漏洞自动生成攻击程序并提交给主办方。为增加竞赛难度,DARPA 在提供的代码中加入了一些重大漏洞,如"心脏出血"漏洞等。结果表明,参赛团队研发的"机器人黑客"能够瞬间找到并修复漏洞,7 个"机器人黑客"最终成功识别出 650 处代码漏洞并自动修复了 421 处。CGC 项目的研究成果是人工智能在网络安全领域的推广应用,将对网络安全领域产生革命性影响,其全自动化的防御机制引领了未来的网络安全防御理念。

2. 无人机应对网络攻击的技术取得突破

无人机高度依赖信息通信系统,在通信链路、数据存储、传感器等方面存在漏洞,易遭网络攻击。2016 年,明尼苏达大学在 DAPRA"高可信网络军事系统项目"支持下,研发出无人机抵御网络攻击的技术。此技术将从架构层面隔离无人机操作系统的关键部分,使其遭受网络攻击时仍能正常运行,同时利用新研发的编程语言,编写无内存漏洞的软件,并进行安全验证。该技术的应用,将提升无人系统生存能力,可在不降低其系统性能的同时,有效抵御各类先进持续性网络攻击。

3. DARPA"X计划"研究成果达到实战应用水平

DARPA在2016年"网络卫士"演习中,实战演练了"X计划"项目最新技术成果。在网络空间可视化方面,作战人员可直观、实时掌握关键网络要素运行状态,全面感知和理解网络作战空间,提高自身网络防御能力。在网络作战任务设计方面,利用Scratch可视化编程语言,编写图形界面软件,简化设计过程。在网络战场分析方面,开发出一整套简单易用的应用软件,如利用Netstat软件获取作战环境中的网络统计信息;通过CyboX结构化语言统一描述网络空间可观察对象(如注册表、IP地址、网络接口等)变化情况,从而更准确地识别和分析网络威胁。这些技术成果将有助于美军在复杂战场网络环境中感知、规划和管理网络作战,从基础层面强化其网络防御能力。

4. DARPA启动"增强溯源计划"以提高网络攻击溯源能力

4月,DARPA启动研究周期为18个月的"增强溯源计划",通过监控犯罪分子具体行为,利用生物识别技术,快速追踪黑客或犯罪团伙。"增强溯源计划"旨在持续追踪目标,创建一种"预测行为发展算法",每个跟踪都会对不同级别的行为数据进行分析处理。该计划分三部分:一是行为和活动的追踪与总结,分析犯罪活动行为特征的信息,利用生物识别技术监控犯罪分子行为;二是信息融合和预测分析,运用数据融合技术,创建预测算法预测黑客行为;三是实际验证和信息提取,提取有效信息,通过公共或商业信息源验证信息。该计划不仅有助于政府追踪犯罪分子,而且能够通过分析犯罪分子的攻击手法预测攻击者的下一个目标,提前找出可能的受害者。

5. IARPA开始探索"欺骗性网络防御"技术

6月,美国情报先期研究计划局(IARPA)发布信息征询书,旨在寻找有关"欺骗性网络防御"领域的创新解决方案,通过"确定现有能力和新兴方法"来保护数据和系统,在网络攻击前或攻击时迷惑、欺骗对手。"从历史上看,'否认和欺骗'已被广泛用于军事防御中,能够向对手灌输不确定性或提供误导性信息",IARPA 官员在解释意见征询书时说到,"'否认和欺骗'在提高网络防御和网络弹性方面具有同样的作用。"通过发布信息征询书,IARPA 将收集有关现有欺骗性方法、测试评估方法、新兴技术、相关公司组织架构和服务等方面的信息。根据这些信息,IARPA 举行了为期一天的"欺骗战术研讨会",以确定未来的研究投资导向。

6. IARPA 将研发可精确自动预警的网络防御系统

IARPA 与英国 BAE 系统公司签订总价值 1140 万美元合同,并启动网络攻击自动化非传统传感器环境项目,旨在研发可精确预测威胁、自动准确提供网络威胁预警,并能够在网络攻击实施前就采取预防措施的系统。目前的网络防御系统一般只能针对正在实施或已经结束的网络攻击,在网络攻击开始之前很难对其进行精确、自动预警。网络攻击自动化非传统传感器环境项目旨在结合现有的先进入侵检测技术与公开可用的数据源,研发新的网络威胁预测方法,研究人员将致力于从大量复杂的外部数据流中识别出攻击的主要特征,然后通过整合不同来源的相关数据产生精确的、可操作的预警。要实现这种精确、自动预警能力,需要综合、深入地分析来自不同数据源的海量威胁信息,这对大数据分析能力提出很高要求。

7. 美国空军将研发针对工控系统的网络武器定位器

8 月,美国空军与新泽西巴斯金里奇的 Vencore 实验室签署了一份价值 900 万美元的合同,以开发能够定位敌方网络武器的技术。据美国国防部合同声明,Vencore 实验室将负责研究、开发和交付一个具有可扩展性与整体性的能源网络武器定位和显示系统(SHERLOC),该系统主要用于工业控制系统,将具备快速定位并显示出已侵入电网基础设施的网络武器,收集配置数据,锁定故障设备和发现恶意软件的功能,系统将于 2020 年 7 月 28 日在 Vencore 实验设施中率先使用。该系统将提升工控系统安全性,帮助系统管理员识别网络安全威胁,减轻、阻止网络攻击的发生。

8. 英国将建立"国家级网络防火墙"

面对网络安全威胁日益严峻的现状,英国情报机构政府通信总部(GCHQ)拟在国内建立一个"国家级网络防火墙",以拦截恶意网站并打击威胁国家安全的网络攻击。尽管目前该项目尚处于初级阶段,但具体负责该项目的英国国家网络安全中心已将此视为"旗舰项目"。这一网络安全防火墙项目要求私营网络服务提供商主动遵守安全服务条款,通过放大 DNS 过滤作用,对含有恶意内容的网址进行筛选。据统计,2015 年英国至少有 90% 的大型组织和 74% 的小型组织遭遇过网络安全事故,防火墙建立后,攻击英国政府的钓鱼网站存活时间将从 49 小时降至 5 小时,有助于英国更好地防范网络犯罪,净化本国网络环境。

(三)测评技术有效提升了对网络漏洞的测评与攻击环境的模拟能力

网络空间是一个贯穿陆、海、空、天等物理域的人造空间,与物理域的最大不同就是其作战过程难以模拟和复现,其作战效果难以测试和评估。网络测评技术能够支持网络空间对抗技术研究、应急响应演习演练和系统安全性评估等活动,提高国防和国家网络空间作战能力。2016 年,网络测评技术领域的主要动向如下:

1. 美国国土安全部发布"物理和网络风险分析工具"(PACRAT)

物理与网络领域的安全态势对于关键基础设施的安全保护非常重要,而现有评估工具只能独立审查某一个领域。2013 年,引领政府资助型技术向市场过度的"转型实践项目",将 PACRAT 确立为向商业市场过渡的潜在备选方案,并作为 5 项授权商用的技术之一。2016 年 4 月,美国国土安全部科学与技术局宣布,太平洋西北国家实验室成功研发出 PACRAT,同时安全漏洞评估公司 RhinoCorps 获得相关授权,并计划将 PACRAT 的功能引入其 Simajin 漏洞评估工具。PACRAT 的最大优势在于,可同时评估网络与物理领域的风险,分别和交叉模拟这两个领域的实际情况,帮助用户感知网络与物理安全因素间的相互影响关系。PACART 的出现,进一步完善了网络安全风险评估体系,确保信息安全保障工作有效执行。

2. 美国国防信息系统局启动新的网络训练设施

9 月,国防信息系统局启动一个新的网络训练设施,该设施位于伊利诺斯州的 Scott 空军基地,占地近 18 万米^2,具备世界一流的网络设施,可提供充足的会议室与演习室,为网络部队提供了一个大规模的训练平台,可帮助其开展网络空间演习演练,提升其快速响应与协同作战能力。该设施整合了分散于不同地理位置的人员,空军与海军陆战队的两支网络防护部队已经抵达该设施,并开始了相关的培训活动。

六、微电子技术

2016 年,在高性能、多功能、低功耗和高集成度等需求的持续推动下,全球微电子技术快速发展,在产品研发应用、前沿技术探索等方面取得重要进展,主要体现在:氮化镓器件新产品、新技术不断问世,军事应用呈现加速迹象;碳化硅器件研发致力于大尺寸、耐高温,军事应用需求旺盛;存储器技术产品研发聚焦新型材料,存取速度可提高千倍以上;芯片停产断档和安全问题迫在眉睫,美国投入巨资应对挑战;微电子前沿技术研发致力新材料、新理念,成果显著。

(一)氮化镓器件新产品、新技术不断问世,军事应用呈现加速迹象

2016 年,美国氮化镓器件技术研发和应用取得重要进展。美国休斯研究实验室首次验证氮化镓 CMOS 场效应晶体管技术,开启了制造

氮化镓 CMOS 集成电路的可能性;德州仪器公司率先推出 600 伏氮化镓场效应晶体管功率级工程样片,有望实现尺寸更小、效率更高、性能更佳的电源设计方案;纳微达斯半导体公司研制出全球首款驱动与功率集成电路,将会取代基于硅的现有低频电源系统;Qorvo 公司推出两款全新的氮化镓功率放大器,可用于国防和民用雷达系统;伊利诺伊大学研制出氮化镓晶体管热量控制方法,有助于更好地发挥其性能优势。此外,美军积极推进氮化镓器件技术在雷达装备中的作用,如利用 GaN AESA 对"爱国者"雷达天线进行升级,利用氮化镓技术生产 AN/TPS - 80 地/空任务雷达,提出基于氮化镓的下一代雷达技术方案。

1. 美国休斯研究实验室开发出氮化镓 CMOS 场效应晶体管

2016 年 1 月,美国休斯研究实验室宣布首次验证氮化镓 CMOS 场效应晶体管技术。该突破开启了制造氮化镓 CMOS 集成电路的可能性。氮化镓晶体管在功率开关和微波/毫米波应用领域都具有优异的性能表现,但是其作为集成功率转换用途却不太现实。除非将功率电路中高速开关的氮化镓功率晶体管速度降低,否则,芯片到芯片的寄生电感将导致电压不稳定。休斯研究实验室克服了这一限制,开发出氮化镓 CMOS 技术,能够在同一晶圆中实现增强型氮化镓 NMOS 和 PMOS 的集成。将功率开关及其驱动电路集成在同一芯片中,是缩小寄生电感的最终方法。如今,氮化镓晶体管已用于雷达系统、手机基站和笔记本电脑中的电源转换模块。从短期来看,氮化镓 CMOS 集成电路可用于管理电流更有效率的功率集成电路,这将明显缩小芯片尺寸,降低芯片成本,并使芯片可在更恶劣的环境下工作。从长期来看,氮化镓 CMOS 有望在多种产品中替代硅 CMOS。图 1 为美国休斯研究实验室验证氮化镓 CMOS 场效应晶体管技术。

2. 美国德州仪器公司推出全球首款 600 伏氮化镓 70 兆欧场效应晶体管功率级工程样片

2016 年 1 月,德州仪器公司推出一款 600 伏氮化镓 70 兆欧场效应晶体管功率级工程样片,使 TI 成为全球首家也是唯一一家能够提供集

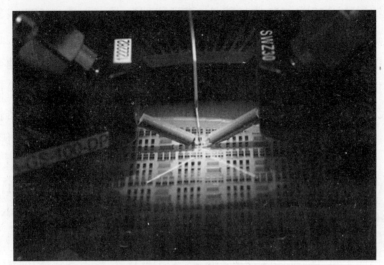

图1　休斯研究实验室验证氮化镓CMOS场效应晶体管技术

成有高压驱动器的氮化镓解决方案的半导体厂商。这款全新LMG3410的主要优势是：①使功率密度加倍。与基于硅材料的先进升压功率因数转换器相比，600伏功率级在图腾柱PFC中的功率损耗还要低50%，其减少的物料清单数量和所具备的更高效率，最多可以将电源的尺寸减少50%。②减少封装寄生电感。与分立式氮化镓解决方案相比，该器件采用8毫米×8毫米四方扁平无引线（QFN）封装，减少了功率损耗、组件电压应力和电磁干扰。③实现全新拓扑。氮化镓的零反向恢复电荷有益于全新开关拓扑，其中包括图腾柱PFC和LLC拓扑，以增加功率密度和效率。与基于硅材料场效应晶体管的解决方案相比，LMG3410功率级与模拟及数字电力转换控制器组合在一起，有望实现尺寸更小、效率更高、性能更佳的电源设计。

3. 美国纳微达斯半导体公司推出全球首款氮化镓驱动与功率集成电路

2016年1月，纳微达斯（Navitas）半导体公司利用AllGaN 650伏单片平台，研制出全球首款驱动与功率集成电路。在此之前，因缺乏高性能氮化镓驱动电路，使得氮化镓功率管的高开关速度和高开关效率潜力受到限制。该功率集成电路解决了这个技术挑战,开启了氮化镓功率器件的全部潜力。该集成电路开关频率比现有硅电路高 10~100 倍,将极大地提高功率密度和效率,同时大幅度降低成本,将会取代基于硅的现有低频电源系统,使业界可以进行高性价比、简单易用的高频化电源系统设计。

4. 美国 Qorvo 公司推出用于雷达系统的紧凑型氮化镓功率放大器

2016 年 10 月,Qorvo 公司推出两款全新的氮化镓功率放大器,可用于国防和民用雷达系统。QPD1003 功率 500 瓦,可满足 1.2~1.4 吉赫有源电子扫描阵列(AESA)雷达性能需求。这是业界首款用于 AESA 雷达的紧凑型、内部匹配、L 频段、高功率功率放大器,将为客户带来可观的成本优势和性能提升。QPD1017 功率 450 瓦,用于 3.1~3.5 吉赫雷达系统。这两款器件相对传统氮化镓晶体管而言,都具备尺寸更小和使用更简单的优势,可以通过一个匹配设计覆盖多个频段,从而减少电路面积和总体复杂性。

5. 伊利诺伊大学研制出氮化镓晶体管热量控制方法

氮化镓晶体管比传统硅晶体管具有更高的功率密度,可以在较高温度下运行(500℃以下)。但像所有半导体那样,氮化镓晶体管也产生过多的热量,这会限制其性能,而基于散热器和风冷方法增加成本和体积。2016 年 10 月,伊利诺伊大学微纳米技术实验室研制出一种新的氮化镓晶体管热量控制方法,简单且低成本。研究证明,典型器件的最佳厚度是 1 微米左右。传统氮化镓晶体管沉积的厚衬底(如硅、碳化硅)并不是理想的热导体。由于氮化镓在传统基板上外延不匹配,这导致装置达数十微米厚,并且在多数情况下达到数百微米。使用新颖的半导体释放方法,如智能切割和剥落,通过从外延和厚的衬底释放氮化镓晶体管,从而改进热控制。通过细化器件层,可使大功率氮化镓晶体管热点温度降低 50℃。

6. 美军积极推进氮化镓器件技术在雷达装备中的应用

雷声公司已在氮化镓技术方面投资已超过 1.5 亿美元,掌握了大量宝贵的经验,同时研制出基于氮化镓的有源电扫阵列(AESA)全尺寸原型。最近完成的氮化镓 AESA 里程碑包括:完成 AESA 阵列主体结构构建、构建 AESA 阵列雷达方舱、在雷达方舱内集成接收机和雷达数字信号处理器、对雷达方舱进行现场测试、完成雷达冷却系统测试。这些技术储备确保雷声公司能够快速研制、测试、交付满足作战需求的雷达。2016 年 2 月,雷声公司利用氮化镓 AESA 对"爱国者"雷达天线进行升级,取代原有的无源电子扫描阵列,使之具有 360 度全方位探测能力,在当前战斗机、无人机、巡航弹和弹道导弹等日益复杂的威胁环境中仍处于优势地位。

2016 年 7 月,美国陆军研究实验室同雷声公司签署 110 万美元合作协议,为美陆军下一代雷达项目研发可扩展、机动、多模式的雷达前端技术。该项目将提高对雷达依赖较高的防空、反火箭以及迫击炮系统的性能,尤其是手提、车载和机载便携雷达设备。双方将探索设计和制造模块化氮化镓组件的新方法,使其能够集成进下一代雷达的开放式结构中,提供覆盖整个雷达波段的处理灵活性、机动性及高效率,大幅提高美军下一代雷达的性能。

2016 年 8 月,雷声公司向美国陆军提出基于氮化镓的下一代防空反导雷达——"覆盖更低空域的防空反导雷达"(LTAMDS)技术方案,这是雷声公司未来反导技术的设想,有望击败各种威胁。LTAMDS 研制将采用雷声公司氮化镓有源电扫相控阵技术,并借鉴美国海军下一代干扰机和防空反导雷达研发经验,能够以快速和可承受的方式,实现可击败任何威胁的氮化镓有源电扫相控阵雷达能力的设计、建造、测试和部署。该雷达可作为一体化防空反导作战指挥系统网络的传感器,可与现有及未来"爱国者"反导系统兼容,同北约实现全面互操作。

2016 年 9 月,美国导弹防御局同雷声公司签署合同,利用氮化镓器件对 AN/TPY-2 雷达进行升级改造,有望进一步提升雷达探测距离和分辨率。同月,美国海军陆战队同诺斯罗普·格鲁曼公司签署 9 部 AN/TPS-80 地/空任务雷达(G/ATOR)低速初始生产合同。这是美国国防部第一部采用氮化镓技术生产的陆基有源相控阵雷达,同采用砷化镓器件的雷达相比,不仅扩大威胁探测与跟踪范围,而且减少系统尺寸、重量和功耗,并使每部雷达全寿命周期成本降低近200万美元。

图2为研究人员向"爱国者"反导系统雷达天线主阵列插入氮化镓收发组件。图3为采用氮化镓有源相控阵技术的"爱国者"反导系统雷达。

图2　研究人员向"爱国者"反导系统雷达天线主阵列插入氮化镓收发组件

图3　采用氮化镓有源相控阵技术的"爱国者"反导系统雷达

（二）碳化硅器件研发致力于大尺寸、耐高温，军事应用需求
旺盛

2016年，美、欧、日等国家和地区积极发展大尺寸、高温碳化硅器
件技术，碳化硅器件美国空军研究实验室寻求开发大尺寸碳化硅衬底
及外延工艺，提高当前技术的可用性和质量；美国通用电气公司正在开
发碳化硅电力电子器件，有助于更好地管理车载电源；思索依德公司交
付首个碳化硅智能功率模块，满足多电飞机对新一代高密度功率转换
器的要求；英飞凌公司推出1200伏碳化硅MOSFET，助力电源转换设计
达到前所未有的效率和性能；日本正在开发碳化硅功率器件混合板状
结构，使之能在300℃的高温下稳定工作。

**1. 美国空军研究实验室投资1350万美元发展大尺寸碳化硅衬底
及外延工艺**

2016年3月，美国空军研究实验室计划投资1350万美元，寻求大
尺寸碳化硅衬底及外延工艺，以提高当前技术的可用性和质量。射频
氮化镓器件正迅速成为高功率射频应用的技术选择，但其制作离不开
高质量、半绝缘的碳化硅衬底。碳化硅基功率器件具有高压、大电流处
理能力及开关频率能力，成为硅技术的替代者。

2. 通用电气公司为美国陆军开发碳化硅电力电子器件

2016年3月，美国通用电气公司航空集团获得美国陆军210万美
元合同，开发和演示用于下一代高压地面车辆电源架构的碳化硅电力
电子器件。美军实施的高压、多电地面车辆的碳化硅技术，已显著促进
高温应用碳化硅器件在尺寸、重量和功率方面的改善，有望使美军更好
地管理车载电源，简化车辆冷却架构，从而提高作战能力。该项目为期
18个月，将利用15千瓦、28VDC/600VDC双向变换器展示碳化硅
MOSFET技术与氮化镓器件相结合的优势。

3. 思索依德公司交付首个碳化硅智能功率模块

2016年4月，思索依德（CISSOID）公司向泰勒斯航空电子系统公

司交付首个1200伏/100安三相碳化硅金属氧化物半导体场效应晶体管(MOSFET)智能功率模块原型。该模块集栅极驱动器与功率晶体管优势于一体,充分发挥了碳化硅的全部优势,即低开关损耗和高工作温度,有助于提高功率转换器密度,支持多电飞机的发电系统和机电致动器。此外,它还采用先进封装技术,可在极端条件下可靠运行。图4为碳化硅MOSFET智能功率模块。

图4 碳化硅MOSFET智能功率模块

4. 英飞凌公司推出1200伏碳化硅MOSFET

2016年5月,英飞凌科技股份公司推出1200伏碳化硅MOSFET,使产品设计在功率密度和性能上达到前所未有的水平。该器件基于基于先进的沟槽半导体工艺,具有更高的频率、效率及灵活性,其动态损耗比1200 V硅IGBT低1个数量级,有助于开发节省空间、减小重量、降低散热要求的电源转换方案,并提高可靠性和降低成本。

5. 日本大阪大学和昭和电工公司合作开发SiC器件

2016年7月,日本大阪大学和昭和电工公司合作,为基于碳化硅的功率器件开发出一种混合板状结构,使之能够在300℃高温之下稳定工作。该项目由大阪大学主导,其目标是发展板状结构,增大SiC功率器件热阻。研究重点包括铝的热阻性质、开发专用铝材料和封装技术、实现材料结构在-40~300℃温度范围内无缺陷等。昭和电工公司主要负责开发直接焊接铝电路板和制冷器件的材料和技术、混合电路板整体结构热辐射设计。

（三）存储器技术产品研发聚焦新型材料,存取速度可提高千倍以上

2016 年,美、日积极推进存储器技术与产品研发,有望大幅提升存储与访问速度。美国斯坦福大学研究发现相变存储器比硅基随机存储器速度快 1000 倍,日本将在 2018 年底前实现碳纳米管非易失性存储器商业化,美国陆军工程兵部队采购新型数据存储器,用以替代老旧过时的存储设备。

1. 美国斯坦福大学发现相变存储器比硅基随机存储器速度快 1000 倍

2016 年 8 月,美国斯坦福大学研究表明,相变存储器能够永久存储数据,同时让某些操作比当今硅存储器快 1000 倍。研究人员利用精致的探测系统,让一个小样本的无定形材料处于堪比于雷击的电场当中。仪器检测到,无定型态在被施加电场后不到 1 皮秒的时间就发生了相变,表明这种新兴技术存储数据的速度比硅随机存储器要快很多倍,因为硅芯片存储数据需要十亿分之一秒的时间。此外,相变存储器耗能更少,占用空间更小。

硅存储器芯片分为两种类型:一种是易失性存储器,如计算机随机存储器,在关闭电源后会丢失数据;另一种是非易失性存储器,如闪存存储器,在关闭电源后仍然可以存储信息。一般而言,易失性存储器要比非易失性存储器速度更快,因此在选取存储器时往往需要在存取速度和数据保存时间之间加以权衡。这就是为什么较慢的闪存往往用于永久性存储,而更快的、工作速度以纳秒(十亿分之一秒)衡量的随机存储器通常和微处理器同时工作,用于在计算过程中存储数据。

2. 日本将在 2018 年底前实现碳纳米管非易失性存储器商业化

2016 年 8 月,日本富士通半导体和米氏富士通半导体公司宣布,计划采用美国 Nantero 碳纳米管技术,研制碳纳米管非易失性随机存储器产品（图5），预计2018年底前实现商业化。其改写速度和改写次数比嵌入式闪存高出数千倍，具备取代动态随机存储器（DRAM）的能力。

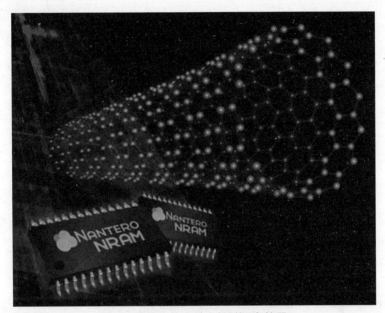

图5 碳纳米管非易失性随机存储器

碳纳米管非易失性存储器具有高存储密度和高访问速度，能够超越传统存储器技术的局限和能力，实现存储器性能的持续演进，具有独一无二的地位。富士通半导体公司自20世纪90年代以来即开始设计和生产铁电非易失性随机存储器，是少数拥有集成铁电随机存储器设计和生产能力的企业之一。富士通半导体公司将利用相关经验和技能开发碳纳米管非易失性随机存储器。根据计划，富士通半导体公司将在2018年年底前开发出嵌入式、定制化的碳纳米管非易失性随机存储器大规模集成电路芯片，随后将研制独立式碳纳米管非易失性随机存储器。米氏富士通半导体公司作为经营纯代工业务的公司，将向其代工客户提供碳纳米管非易失性随机存储器技术。

预计新型存储器电压为1伏，可以持续存取1000亿个周期，最终价格仅为 DRAM 存储器的一半,存取速度与 DRAM 存储器相同,比闪存快 1000 倍。同现有存储器技术相比,碳纳米管非易失性随机存储器的性能优势主要包括:①CMOS 兼容性。无需新设备即可在标准 CMOS 工厂生产。②无限制可扩展性。未来可微细化至 5 纳米工艺节点以下。③长寿命:工作周期次数比闪存高多个数量级。④读写速度快。数据可在 85℃保存 1000 年以上,在 300℃保存 10 年以上。⑤低功耗。待机模式零功耗,工作时每位写能量比闪存低 160 倍。⑥低成本。结构简单,能够以三维多层或多层单元形式制造。图 5 为碳纳米管非易失性随机存储器。

3. 美国陆军工程兵部队采购新型数据存储器

2016 年 7 月,美国陆军工程兵部队同全球技术公司签署价值 800 万美元的合同,采购数据存储硬件、软件及维护工具,用以替代老旧过时的存储设备,包括兵营建筑物内的数据存储设备和应用于水资源管理活动的数据存储设备。

(四)微电子前沿技术研发致力新材料、新理念,成果显著

2016 年,微电子前沿技术研发成果显著。美国劳伦斯伯克利国家实验室研制出栅极长度仅 1 纳米的晶体管,有望继续延续摩尔定律;美国威斯康辛大学首次研制出高性能碳纳米管晶体管,其部分性能超过硅和砷化镓晶体管;洛克希德·马丁公司研制出芯片嵌入式微流体散热片,解决了制约芯片发展的散热难题;DARPA 启动"分层识别验证利用"(HIVE)技术研发,旨在开发比标准处理器效率高 1000 倍的可扩展图像处理器。

1. 美国劳伦斯伯克利国家实验室研制出栅极长度仅 1 纳米的晶体管

2016 年 10 月,美国能源部劳伦斯伯克利国家实验室利用碳纳米管和二硫化钼(MoS_2),成功制出目前世界上最小的晶体管,其栅极长度仅有 1 纳米,远低于硅基晶体管栅极长度最小 5 纳米的理论极值。

制造出更小的晶体管,是半导体行业一直努力的方向,栅极长度则被认为是衡量晶体管大小的标准。目前,市面上高端电子产品所用晶体管多为栅极 20 纳米的硅基晶体管。此前业界普遍认为,栅极小于 5 纳米的晶体管无法正常工作。为克服硅的局限性,研究人员把目光瞄向了硫化钼和碳纳米管。

硫化钼与硅一样具有晶体晶格结构,但与硅相比,硫化钼的导电性更易控制,且可被加工成只有 0.65 纳米厚、介电常数(又称电容率)较低的薄层,可算是理想的晶体管材料。而用直径只有 1 纳米的碳纳米管做栅极,则是充分考虑制造工艺难度的结果。因为利用传统的光刻技术制造只有 1 纳米的微小结构具有一定难度。测试表明,以碳纳米管作为栅极的硫化钼晶体管,可有效地控制电流。即使栅极只有 1 纳米,其电气性能表现依然良好。

2. 美国威斯康星大学开发出高性能碳纳米晶体管

2016 年 8 月,美国威斯康辛大学麦迪逊分校的材料工程师首次研制出高性能碳纳米管晶体管,其沟道长度 100 纳米,电流值比硅晶体管高 1.9 倍,电流密度 900 毫安米^2,超过砷化镓高电子迁移率晶体管(pHEMT)630 毫安米^2 的电流密度。

碳纳米管具有优异的性能,是制作集成电路和显示器的理想材料。但制造高性能碳纳米管晶体管面临着两大技术难题:一是要达到极高的纯度,因为碳纳米管中的金属杂质会导致器件短路;二是实现阵列的精确控制,即必须精确地控制各个碳纳米管之间的距离。2014 年,威斯康辛大学麦迪逊分校采用"浮动蒸发自组装"技术,实现了对碳纳米管排列和放置的控制。此次研究人员利用高分子聚合物分离半导体纳米管,找到制备超高纯度半导体碳纳米管的解决方案。该聚合物还起到碳纳米管和电极之间绝缘层的作用。通过在真空炉中加热纳米管阵列,除去聚合物绝缘层,实现了碳纳米管之间良好的电接触。下一步研究工作是继续调整碳纳米管器件,使其几何结构与硅器件中的结构相一致。

3. 洛克希德·马丁公司推出芯片嵌入式微流体散热片

2016 年 3 月,在 DARPA"芯片内/芯片间增强冷却"项目的支持下,洛克希德·马丁公司研制出芯片嵌入式微流体散热片,解决了制约芯片发展的散热难题。该散热片长 5 毫米、宽 2.5 毫米、厚 0.25 毫米,热通量为 1 千瓦/厘米^2,多个局部热点热通量达到 30 千瓦/厘米^2。同常规冷却技术相比,该散热片可将热阻降至 1/4,射频输出功率提高 6 倍。目前,洛克希德·马丁正与 Qorvo 公司合作,将嵌入式微流体散热技术与氮化镓器件工艺集成,以消除其散热障碍,有望使氮化镓晶体管栅长缩短 50%,线性功率密度提高 5 倍,输出功率提高 10 倍。此外,该公司正在利用嵌入式微流体散热片技术开发全功能发射天线原型,以提高其技术成熟度,为该技术在未来电子系统的应用奠定基础。

4. DARPA 启动大数据处理用实时智能处理器研发

2016 年 8 月,DARPA 发布"分层识别验证利用"(HIVE)项目公告,旨在开发比标准处理器效率高 1000 倍的可扩展图像处理器,用于处理基本几何图像数据,帮助情报分析人员理解来自摄像机、社交媒体、传感器和科学仪器的海量数据流。

该项目包含三个技术领域:图像分析处理器、图像分析工具包、系统仿真器。图像分析处理器将设计新型芯片架构原型,创建非均匀访问新型存储器架构,克服存储器的传输瓶颈限制,实现并行化的多节点系统而非以独立方式并行工作,支持机器更加紧密工作。图像分析工具包,目标是开发基本的软件技术,使现有图像算法转变为新型硬件的微代码,同新型芯片微架构相匹配。微代码必须支持现有图像算法的数据格式和基本几何图像,而不必重新算法。系统仿真器,目标是识别和开发静态及图像流数据分析,解决异常检测、特定区域搜索、依赖关系映射、N-x 偶发分析及事件因果建模等问题。

该项目分为三个阶段。第一个阶段将开发新型储存控制器、基于基本几何图像的加速器、新型数据流模型、新型数据映射工具、支持将现有图像算法向新型硬件无缝迁移的新型中间件。第二阶段将开发图像处理器芯片原型,并将演示新技术的军事应用。第三阶段将进行制造,演示包含 16 个节点的扩展系统的性能,并用于最迫切需要提高处理速度的军事数据分析。图 6 为洛克希德·马丁公司研制的嵌入式微流体散热片。

图6　洛克希德·马丁公司推出的嵌入式微流体散热片

　　随着微电子技术的快速发展,芯片特征尺寸不断减小,集成度不断提高,电路速度不断加快,使得芯片的功率和热流密度越来越大,特别是三维芯片堆叠技术的应用,导致芯片功率分布变得更加不均匀,从而产生热流密度很高的局部热点,而传统的风冷、热沉等传导散热方式已无法满足其散热需求,因此,散热问题已成为制约芯片进一步发展的重大障碍。2012 年 DARPA 启动"芯片内/芯片间增强冷却"项目,开发具有革命意义的嵌入式微流体散热技术,其应用目标包括:①用于氮化镓射频单片微波集成电路功率放大器,热通量达 1 千瓦/厘米^2,过热点热通量超过 15 千瓦/厘米^2,整体散热密度超过 2 千瓦/厘米^3;②用于高性能嵌入式计算机模块,热通量达 1 千瓦/厘米^2,过热点热通量达 2 千瓦/厘米^2,芯片堆栈散热密度达 5 千瓦/厘米^3。嵌入式微流体散热片技术有望解决当前芯片散热的难题,可应用于中央处理器、图形处理器、功率放大器、高性能计算芯片等集成电路,促进其向更高集成度、更高性能、更低功耗方向发展,显著提高雷达、通信和电子战等武器装备的性能。

（五）芯片停产断档和安全问题迫在眉睫，美国投入巨资应对挑战

2016年，美国投入巨资，解决包括微电子器件在内的电子部件停产断档及伪冒带来的挑战。美国国防微电子处出资72亿美元，应对武器装备电子部件停产问题；美国海军斥资2.4亿美元，防范F-35战机电子元器件供应断档；DARPA投资730万美元，启动"国防电子供应链硬件完整性"项目第二阶段研发。

1. 美国国防微电子处与8家承包商签订合同解决电子部件停产问题

2016年4月，美国国防微电子处同8家承包商签订一份为期12年、价值72亿美元的合同，以应对电子部件停产的影响，解决电子硬件和软件不可靠、不具维护性、性能欠佳或不足问题。这8家承包商包括：BAE系统、波音、洛克希德·马丁、科巴姆半导体、通用动力、霍尼韦尔航空、诺斯罗普·格鲁曼、雷声公司。

2. 美海军投入巨资防范F-35战机电子元器件供应断档

2016年7月，美国海军飞行系统司令部同F-35联合歼击战斗机的制造商——洛克希德·马丁公司航空分部签订一项价值2.418亿美元的合同，用于防范该机电子元器件停产断档问题。

目前商业电子元器件的平均生产时间最长只有3年，从第一架F-35原型机2000年首飞以来，该机的许多电子元器件已经过时并不再生产。因此，某些F-35联合歼击战斗机上的电子系统正在遭受电子元器件备件短缺问题的困扰。加之保持电子元器件备件稳定供应的成本过高，使这一问题的解决更加困难。为此，美海军斥资2.4亿美元，用于确保F-35战斗机电子元器件备件供应安全，预计2018年12月前完成合同所要求的工作。

3. DARPA"国防电子供应链硬件完整性"项目进入第二阶段

2016年7月，DARPA同诺斯罗普·格鲁曼公司签署价值730万美元的"国防电子供应链硬件完整性"项目第二阶段合同。该公司将继续开展有关研究,并开发工具,在不破坏或损害已设计系统的情况下,验证被保护电子元器件的可信性,预计2018年1月前完成研究任务。

该项目于2015年1月启动,旨在开发以微型模片为核心的电子元器件自动鉴别技术,最终目标是实现接近100%防止回收品、不合格品、包含隐藏功能或篡改可靠性等级和制造日期的电子元器件冒充新品或合格品进入武器装备供应链,绝对防止对军用电子元器件违规过量生产或重新封装移作他用等仿制活动。微型模片成本不到1美分,面积仅0.01毫米^2(100微米×100微米),其中包含加密引擎、密钥存储器和被动式X射线、可见光传感器及高温传感器,具有防逆向工程、遇篡改自毁等特性,不仅使伪冒在技术上难以实现,而且大幅增加电子元器件伪冒的成本。其工作原理是:当用探针扫描宿主元器件时,微型模片通过射频电波获得能量,并与探针进行通信。探针通过连接的智能手机向厂商服务器上传微型模片序列号。随后,探针将服务器随机生成的询问信息传至微型模片。微型模片再将询问信息和传感器状态数据以加密形式传回服务器。服务器将应答信息解密,并与原始询问信息进行比对,验证微型模片本身的完整性,再根据解密后的传感器状态数据判断宿主元器件是否被伪冒,最后以非密方式将鉴定结果发回到智能手机。图7为基于微型模片的元器件鉴别技术示意图。

图7　基于微型模片的元器件鉴别技术示意图

该项目为期4年,分为3个阶段。第一阶段确定实现微型模片的结构、材料与器件;第二阶段完成微型模片的设计与集成;第三阶段开发并运用包括射频探针、网络、服务器及手持设备等在内的一整套示范性供应链伪冒电子元器件鉴定方案。

七、光电子技术

2016年,光电子技术在器件性能、制作工艺及新材料开发等方面都取得显著进步。在光电子器件方面,宽带可调红外激光器、超高亮度激光二极管、多种太赫兹激光器等推动新型激光器向小型化、多功能化发展;砷化镓光学传感器向微尺度、多信息载体方向发展;纳米级光探测器、纳米单光子探测器、中子探测器不断提升探测效率;LED实现6万小时超长寿命;各种新型单光子源推动量子通信实用化。在新技术方面,硅基光电子集成技术取得突破性进展,实现激光器和调制器的首次硅基单片集成,以及在硅衬底上首次直接生长出电泵浦式激光器;在新材料方面,新型液晶材料可在极端冷热条件下正常显示;铜纳米光子元件使光学元件成本更低,更易集成。

(一)激光器在小型化、多功能化方面取得多项成果

2016年,激光器继续向小型化、多功能化发展,并取得多项进展。波长可调谐太赫兹激光器、太赫兹垂直腔表面发射激光器问世,突破太赫兹激光器使用限制;高效激光倍频模块能在可见光谱范围内产生小功率高性能激光;宽带可调谐红外激光器能够检测多种气体;超高亮度激光二极管创造了新的亮度记录。

1. 英国开发出波长可调谐太赫兹激光器

2016年1月,英国曼彻斯特大学使用石墨烯等离子体开发出波长可调谐太赫兹激光器。太赫兹频段内的光波可无损检测塑料、织物、半导体和艺术品,可用于化学检测、鉴定,行星及其大气组分研究,但目前

太赫兹激光器只能工作在特定波长,实用性受限。

由于金属可使激光器的波长被电场改变,因此该新型激光器采用石墨烯替代激光器中的金属,先将砷化铝镓量子点和不同厚度的砷化镓井放置在基板上,并用金制波导覆盖,再将石墨烯薄膜放在金制波导顶部,最后用聚合物电解质覆盖该三明治结构,并用悬臂梁的方式调谐激光器。由于聚合物电解质会增大悬臂梁背部尖端与石墨烯片间的距离,从而阻碍该新型可调谐太赫兹激光器的精确控制,进而限制了其日常应用。目前,该新型激光器还处于实验阶段。

2. 美国研发出首个太赫兹垂直腔表面发射激光器

2016 年 1 月,美国加州大学洛杉矶分校研发出首个太赫兹垂直腔表面发射激光器。该激光器的"超材料表面反射镜阵列"由多个天线与耦合微腔激光器组成。与平面镜反射不同,当太赫兹波在阵列表面发生反射时,还会被放大。使用超材料作为外腔的一部分,不仅可以改善光束模式,还可改变激光器腔体设计,从而为激光器引入新的功能。太赫兹垂直腔表面发射激光器可作为新型高品质激光器,用于空间探索、军事应用和安检等领域。这是超材料和激光器的首次结合,有望在太赫兹波段实现高功率、高质量的光束输出。

3. 法国公司开发出高效倍频激光模块

2016 年 2 月,法国 AlphANOV 公司和 Muquans 公司联合开发出新型倍频激光器模块。该模块结构紧凑,能在 765 ~ 805 纳米波长范围内产生功率超过 5 瓦的激光,转换效率超过 70%,可实现数百兆赫的快速调谐,并且输出光束质量较好、光学稳定性较高,未来可用于量子器件、遥感雷达和生物光子学等领域。

4. 美国开发出宽带可调红外激光器

2016 年 6 月,在美国土安全部科学和技术委员会、国家科学基金、海军航空系统司令部、DARPA、NASA 资助下,美国西北大学开发出宽带可调谐红外固态量子级联激光器。该激光器具有捕获特殊气体光谱"指纹"的能力,可用于毒品和爆炸物检测。

新型固态量子级联激光器带有一个单发射孔径,能够在 2 ~ 9.1 微米波长范围内快速调谐,可覆盖大多数气体的光谱"指纹"区(气体的红外吸收特征光谱),因此具有识别大多数气体的能力。该激光器集成了一个取样光栅分布反馈激光器阵列(含有八个激光器)和一个片上合束器。整个系统唯一可移动的部分是用于冷却激光器的风扇,相对于仍需要机械部件来实现调谐的现有系统而言,是一个巨大进步。下一步工作重点是提高该激光器的稳定性。

5. 德国研制出超高亮度激光二极管

2016 年 10 月,在"用于高亮度激光二极管的集成微光学与微热学元器件(IMOTHEB)"项目资助下,德国 Osram 光电半导体公司成功研制出新型激光二极管。该光束整形元件采用集成优化设计,实验室条件下截面亮度达 4.8 瓦/(毫米·毫弧度),输出功率较世界领先水平提高 10%,是目前全球最高水平。IMOTHEB 项目于 2012 年 10 月启动,旨在提高激光器工作效率,并降低生产成本,是德国联邦教育与研究部(BMBF)"集成微光子"计划的一部分。

(二) 硅基光电子集成技术取得突破性进展

目前,硅基光电子集成技术是提高光电子器件性能,降低功耗、体积和成本的重要途径。由于缺少高性能、可集成片上光源,硅基光电子集成技术的实用化受到严重限制。2016 年,英、法、美等国在硅基光电子集成技术领域分别取得重大突破。

1. 法国首次实现激光器和调制器的硅基单片集成

2016 年 3 月,法国纳米科技技术研究所(IRT)宣布采用直接晶片键合技术实现了Ⅲ-Ⅴ族/硅激光器和硅基马赫-曾德尔调制器的首次单片集成。研究人员首先在 8 英寸绝缘体上硅(SOI)晶圆上将硅光电电路与调制器集成,然后在该晶圆上"键合"2 英寸Ⅲ-Ⅴ族材料晶圆,最后采用传统半导体/微机电系统(MEMS)工艺,将该混合晶圆制备成发射器,从而实现了调制器和激光器的集成。

该发射器的通信速率达到25吉比特/秒。在硅片上集成光电器件将极大提高通信带宽、器件密度和可靠性，同时显著降低能耗，有望突破通信速率瓶颈。

2. 英国在硅衬底上首次直接生长出量子点激光器

2016年3月，英国伦敦大学、卡迪夫大学和谢菲尔德大学联合研制出首个直接生长在硅衬底上的实用型电泵浦式量子点激光器，攻克了半导体量子点激光材料与硅衬底结合过程中位错密度高的世界难题。该激光器位错密度低至 10^5/厘米^2 量级，阈值电流密度62.5安培/厘米^2，波长1300纳米，室温输出功率超过150毫瓦，工作温度120℃，平均无故障时间超过 10^6 小时。

制作工艺如下：①采用具有4°斜切角、晶向为100的掺磷硅衬底，抑制反相畴；②在350℃使用迁移增强外延生长方式制备超薄的砷化铝（AlAs）成核层，显著地抑制位错的三维生长，为Ⅲ-Ⅴ族材料在硅表面生长提供高质量界面；③在砷化铝成核层之上，采用三阶段生长模式，在350℃、450℃和590℃分别生长30纳米、170纳米和800纳米厚度的砷化镓（GaAs），可将大部分反相畴限制在200纳米区域以内，但仍有高密度穿透位错（约为 1×10^9/厘米^2）向有源发光区域衍生；④采用4个10纳米铟镓砷（InGaAs）/10纳米砷化镓超晶格结构作为位错过滤层，过滤层由300纳米厚砷化镓隔开，可将位错密度降低到 1×10^5/厘米^2 左右；⑤在每个位错过滤层生长过程之后，在660℃进行6分钟的高温退火，以进一步提高位错过滤层的过滤效率。

硅基量子点激光器的问世，打破了光子学领域30多年没有可实用硅基光源的瓶颈，是硅基光电集成技术的重大进步。该技术突破有助于实现计算机芯片内、芯片之间、芯片与电子系统间的超高速通信，进一步促进高速光通信、量子通信技术的发展，有效解决大数据时代面临的高速通信、海量数据处理和信息安全等问题。

3. 美国研制出首个中红外波段硅基量子级联激光器

2016年4月，美国加州大学圣芭芭拉、海军实验室、美国威斯康星大学合作研制出世界首个硅基量子级联激光器,有望满足中红外波段通信的应用需求。

由于硅是间接带隙半导体材料,载流子直接跃迁复合的效率很低,因此很难实现高效率的发光器件。目前的常用方法是采用Ⅲ－Ⅴ族半导体材料与硅基波导实现单片集成。但二氧化硅(SiO_2)对中红外波段光有很强的吸收力,因此在硅上制造量子级联激光器具有较大难度。研究人员使用氮化硅(SiN)替代氮化硅埋入硅波导中,研发出被称为"SONOI"(绝缘层上氮上硅)的新型波导,从而克服了这一挑战。下一步,研究团队将通过改善散热来提升激光器的性能,以及实现硅基连续波量子级联激光器,并获得更高的功率和效率。

该项技术突破将有利于开发更多用于中红外波长的硅光电器件,并进一步制造出全集成中红外器件,如光谱分析仪和气体传感器等,满足传感和探测应用需求,如化学键光谱分析、传感、天文、海洋感知、热成像、爆炸物探测和自由空间通信等。

(三)光电传感器、探测器效率不断提升

2016 年,多种新型传感器、探测器问世,基于砷化镓的光学传感器使传感技术向微尺度、多信息载体方向发展。纳米级光探测器比普通光电探测器小 100 倍,通信速率达到 40 吉比特/秒,可用于片上光通信;采用硅化钼($MoSi$)的纳米单光子探测器、六方氮化硼半导体中子探测器、新型中红外传感器不断提升探测效率;首个全固态波长依赖型双极光电探测器问世。

1. 美国开发出可链接声波、光和射频的光学传感器

2016 年 4 月,美国家标准与技术研究所(NIST)开发出基于砷化镓的"压电光学"电路,可实现光波、声波和电磁波信号间的转换,可用于下一代计算机和移动存储设备。

砷化镓属于压电材料,施加电场后会发生形变,产生声波。基于砷化镓的"压电光学"电路位于光学谐振腔内,可将频率 2.4 吉赫的声子

和波长1550纳米的光子合成光子-声子波导。每个光学谐振腔由一个砷化镓纳米梁上的空气孔阵列组成,该空气孔可像镜子一样反射光。同时,纳米梁将声子(机械振动)频率限制在千兆赫频率。通过纳米梁的振动影响空气孔阵列,进而影响腔体内光子的叠加,而腔体内光子的叠加又影响机械振动的大小,从而实现光子和声子之间的能量交换。通过能量交换,声子可以改变设备中光子的性质。此外,该传感器还采用了叉指换能器增强压电效应,使电磁波和声波相互转化。

2. 德国研发出世界最小纳米级光电探测器

2016年7月,德国卡尔斯鲁厄理工学院在欧盟第七研究框架计划"片间互联用纳米级颠覆性硅等离子芯片"项目资助下,研制出一种用于片上光通信的"等离子内光电发射探测器"(PIPED),器件尺寸仅100微米^2,比普通光电探测器小100倍,通信速率达到40吉比特/秒。

PIPED以机械生成光电流为基础,又被称为内部光发射,利用表面等离子极化技术使金属电介质表面边界处的电磁波高度集中,载流子电荷在钛-硅界面生成并在金-硅界面被接收,从而在狭小空间内实现光学元件与电子元件的结合。为提高光的吸收、转换效率,钛-硅界面和金-硅界面间距小于100纳米。这种新型光探测器体积小,能大量集成到半导体中用于片上光通信,显著提升系统性能。此外,该器件还可用于无线数据通信中太赫兹信号的生成。

3. 美国与瑞士联合开发出高性能超导纳米线单光子探测器

2016年1月,美国家标准与技术研究所(NIST)、加州理工大学、美国喷气推进实验室(JPL)、瑞士日内瓦大学联合开发出超导纳米线单光子探测器。该器件的创新点是采用MoSi材料并被嵌入到一个由金镜和其他惰性材料层制备的腔体中,因此具有较高的光吸收量和探测效率,此外,由于采用了NIST于2011开发的钨硅合金材料,这款超导纳米线单光子探测器在-270.85℃下工作也达到饱和内部效率,并可在更高的电流条件下工作,因此系统抖动降低一半。

目前,这一新型MoSi探测器效率(温度-272.45℃,波长1542纳米时,效率为 87.1% ±0.5%)几乎和目前常用的钨硅探测器一样高(93%),但系统抖动显著低(76 皮秒,约为当前记录 150 皮秒的一半)。

4. 美国研制出六方氮化硼半导体中子探测器

2016 年 8 月,在美国土安全部资助下,德州理工大学研制出新型六方氮化硼半导体中子探测器,探测效率达到 51.4%,打破了半导体材料热中子探测效率记录,可用于检测核物质。

根据美国《港口安全法》,为防止核武器走私入关,所有运往美国的集装箱,均要进行核物质扫描检测。但通常使用的氦气探测器由于氦气造价昂贵、非常稀有,已不供应制造。六方氮化硼具有白石墨烯之称,但透明性优于石墨烯,同时是化学惰性材料,具有中子吸收能力,绝缘性、导热性、耐腐蚀性良好,机械强度较高。这项研究制备出 43 微米厚六方硼 - 10 氮化层,用于热中子探测器,进一步提升材料厚度和质量可实现更高的探测效率。

与使用氦气的中子探测器相比,六方氮化硼能提高探测器的效率、灵敏度、耐用性及通用性,并降低尺寸、重量和成本等,可广泛应用于医学、生物、军事、环境和工业等领域。

5. 欧洲研发出高探测速度中红外传感器

2016 年 8 月,由法国电子与信息技术实验室(CEA - Leti)领导的欧盟"化学传感和频谱分析用中红外光电器件制造"(MIRPHAB)项目研发出下一代中红外化学传感器。

该传感器通过大量引入集成电路/微机电器件技术,以及硅和Ⅲ - Ⅴ材料集成工艺,可在中红外波段(3 ~ 12 微米)读出液体或气体与光发生相互作用时所释放出的独特频率,因此能够以 1200 次/小时的速率探测 30 米外的药品和爆炸物,探测速率是现有中红外传感器的6 倍,且体积非常小。

该高探测速度中红外传感器有助于实现下一代超高速、高灵敏度、低成本、低功耗、紧凑型传感器,其应用领域包括安检、疾病探测、细菌扫描、人体酒精检测,甚至碳排放量等,为企业带来新的商机。

6. 日本研发出首个波长可调谐全固态波长依赖型双极光电探测器

2016 年 9 月,日本丰田中心研发出首个全固态波长依赖型双极光电探测器。该新型双极光电探测器是首个全固态器件,与现有的基于液体电解质的波长依赖型双极光电探测器相比,其载流子迁移率高,因此具有极高的响应速率。

新器件使用了前后表面均进行氧化处理和硫化处理的二硫化钨半导体薄膜。经过处理后的半导体薄膜前后表面的带隙会增大或减小,使得材料整体的能带结构呈 U 型或者倒 U 型。短波长的光子在半导体材料中入射深度浅,会在材料前表面激发产生电子,而长波长的光子入射深度深,会在材料深层处激发产生电子。在 U 型或者倒 U 型的能带结构作用下,长波长和短波长的入射光引起的方向相反的电流,因此该半导体薄膜可承载波长依赖型的光电流,从而使得新器件具有波长可调谐特性。

由入射光波长决定光电流方向的光电传感器是新型光逻辑门、颜色传感器和光催化剂的一个重要组成部分。新型全固态波长依赖型双极光电探测器可满足未来光电器件和逻辑门电路对更高响应速率的需求。

(四)新型单光子源、光学谐振腔促进量子通信实用化

2016 年,量子通信领域光电子技术取得了显著进步,高效、紧凑的新型单光子源加速了量子技术的应用;非线性纳米谐振腔可在单光子尺度实现光波转换;首个纳米尺度单晶金刚石光学谐振腔可实现利用电线传输光信号,将促进量子计算、通信等技术的巨大进步。

1. 巴勒斯坦开发出高效、紧凑型单光子源

2016 年 5 月,巴勒斯坦希伯来大学开发出高效、紧凑型单光子源。该单光子源可在自然环境温度下工作,解决了目前量子通信使用的光子源工作温度低(液氦温度,约 −270℃)的难题。

该光子源包含半导体材料纳米晶体和纳米天线。纳米天线使用金

属和介电层制备而成,其制备方法可与当前的工业制造技术兼容。纳米晶体放置在纳米天线顶部,并由纳米天线将其发出的单光子沿指定方向发射,产生定向单光子流。实验结果表明,由于使用了纳米天线,该新型单光子源发射的光子具有较高的定向性,且单光子发射概率超过70%。使用简单的光学探测器便可轻易收集大约40%的光子,光子收集效率比不含纳米天线的光子源提高20倍。这项成果解决了目前普通光子源光子定向性差、采集困难的问题。

这项研究为高纯度,高效率,室温工作的片上单光子源开辟了一个广阔的道路,为紧凑、廉价、高效的量子信息比特源以及未来量子技术应用带来显著的进步。

2. 美国研发出可在单光子级别实现光波转换的非线性纳米谐振腔

2016年4月,美国国家标准与技术研究所(NIST)和马里兰大学联合开发出纳米光子频率转换器,其核心器件是氮化硅(SiN)环形谐振腔。该谐振腔直径约80微米,厚度约数百纳米,由不同频率的泵浦激光器驱动。光子在谐振腔内会由于两个泵浦激光器的频率差异发生频率转换,从而实现波长980～1550纳米间的升、降频转换,转换效率高于60%,功率为毫瓦级,是当前实验室阶段中环形谐振腔功率的1%。该谐振腔光学噪声较低,信号清晰度较高。

量子通信网络要求网络中的光子频率完全相同,而通常量子通信系统的最佳频率远高于光纤通信频率,因此单光子频率转换器是量子通信中的重要工具。该项成果为量子通信技术应用带来显著的进步。

3. 加拿大研制出首个纳米级别单晶金刚石光学谐振腔

2016年9月,加拿大卡尔加里大学量子科学与技术研究所与加拿大国家纳米技术研究所联合利用单晶金刚石打造出了世界上首台纳米尺度光学谐振腔。

在纳米光学微腔中,光的震荡传播会引起腔体高频率、长持续时间的机械振动,从而可以将微小能量的光进行高倍放大。研究团队开发出新型纳米级别单晶金刚石的制造工艺,利用商用单晶金刚石片制作了纳米微盘,利用光使微盘振动频率达到千兆赫兹。该频率可用于电脑和手机的数据传输,从而实现利用电线传输光信号。

该单晶金刚石光学谐振腔为研究微观尺度的量子行为提供了一个全新的平台,将促进量子计算、通信、先进传感技术及其他领域的巨大进步。

(五)LED 功率及寿命继续提高

发光二极管(LED)是照明及液晶显示设备的核心元器件,是光电子领域的研究重点之一。2016 年,LED 技术在产品性能及新型材料开发方面取得多项进展。

1. 美国研发出第一代氮化铝基深紫外发光二极管

2016 年 7 月,美国 HexaTech 公司利用氮化铝(AlN)基板开发出长寿命的深紫外发光二极管(UV – C LED),可用于消毒和生物威胁检测,以及智能高压功率半导体器件和高效电源转换。

新型 UV – C LED 器件波长响应为 263 纳米,可在 0.15 毫米^{2}有源区管芯中实现 6 毫瓦的输出功率。脉冲驱动电流为 300 毫安时,0.15 毫米^{2}有源区管芯输出功率可达到 19 毫瓦,而大管芯的输出功率可达到 76 毫瓦,是目前同类产品的两倍。

2. 美国制备出使用寿命达 6 万小时的 LED 灯

2016 年 10 月,美国 Phoseon Technology 公司开发的空气冷却 LED 灯完成了 6 万小时的性能及可靠性测试,其照度超过原始输出的 80%。这项可靠性测试包括高速加速寿命测试、温度和振动评估、高温及其他恶劣工况的模拟测试。

3. 韩国生产出世界首个芯片级封装 LED 模块

2016 年 10 月,韩国三星电子公司推出颜色可调、兼容性好的芯片级封装(CSP)LED 模块,用于聚光灯和筒灯照明。该模块结合倒装芯片技术和磷光体涂层技术,消除了金属线和塑料模具,使 LED 模块结构更紧凑。此外,三星电子公司将两倍数量的颜色可调 LED 模块组装在同一基板上,在高温和低温环境下均能产生各种颜色。目前,该 LED 模块有 19 毫米 × 19 毫米和 28 毫米 × 28 毫米两种尺寸,组装方便,已完成 9000 小时的 LM - 80 测试,有望推广上市。

4. 中、美、日三国联合开发出新型液晶显示材料

2016 年 2 月,美国佛罗里达大学、佛罗里达中央大学、西安近代化学研究所、日本 DIC 公司联合开发了包含 3 种液晶的新型液晶混合物,解决了极端温度导致的图像模糊和显示缓慢问题。该液晶混合物具有较高的清亮点、较低的黏弹性系数和活化能,因此在低温下仍可维持较低黏度,适应低温环境。为避免图像模糊,欧洲汽车行业标准要求像素亮度变化响应时间为 200 毫秒(- 20℃)和 300 毫秒(- 30℃),而新材料的反应时间约为 10 毫秒。此外,这些混合物能在较高温度下实现场序彩色显示,图像分辨率和显示亮度可提高 3 倍,改善了平视显示器在自然光工况下的对比度。

(六)光学元件小型化向微型化、低成本化方向发展

2016 年,新材料、新技术推动光学元件向微型化、低成本化方向发展。其中,铜纳米光子元件可兼容 CMOS,且成本较低,将推动光学计算实用化;三维激光写入技术,推动光学元件向微型化方向发展。

1. 俄罗斯制备出可与 CMOS 兼容的低成本铜纳米光子元件

2016 年 2 月,莫斯科物理技术研究所(MIPT)成功实现了铜纳米光子元件在光子器件中运行。这意味着基于光的计算机比以前更接近现实,因为铜比金、银更便宜,且铜元件可以很容易地使用行业标准的 CMOS 制造工艺在集成电路中实现。

光的衍射极限将光学元件的最小尺寸限制在约一个波长(1 微米的)大小。光学元件尺寸太小会导致图像模糊,分辨率降低。当前短波长激光器和大数值孔径光学元件已达到技术极限或成本太高。突破衍射极限,实现纳米级光学元件一直是光学领域的研究重点。大多数金属在光学频率范围内具有负介电常数,光在这些金属中的穿透深度只

有 25 纳米,不能进行传播。但传统的三维光子可以转化为二维表面等离子体光子(或等离子体),从而可利用 100 纳米数量级的光学元件实现对光线的控制,远超出了衍射极限,有望实现真正的纳米级光子元件。

研究发现,铜制波导性能优于金制波导、成本较低,且铜制纳米级组件的硅基集成工艺相对成熟。研究人员通过对铜薄膜进行处理,然后利用近场扫描光学显微镜观察其纳米结构,从而证实了二维表面等离子体光子(或等离子体)的存在。目前,研究人员已开发出可实用化的铜纳米光子、等离子体元件。未来,这些光学元件可用于发光二极管、纳米激光器、高灵敏度传感器,及拥有数万个核心显卡的高性能光电处理器、超级计算机。

2. 德国利用三维激光写入技术制出微型光学器件

2016 年 4 月,德国斯图加特大学采用飞秒激光 3D 打印技术制出微型光学器件,器件尺寸仅 4.4 微米,并置于直径 125 微米的光纤中心。其性能接近仿真结果,具有较高的重复性和可靠性,将进一步推动装备的微型化发展。飞秒激光 3D 打印技术可直接打印任意微米尺寸的光学元件。目前,斯图加特大学正在尝试使用该技术制备多种相位掩模。

八、电源技术

2016 年,太阳电池、锂离子电池、燃料电池的性能均获得较大提升。一是各种太阳电池效率创造新的记录,其中双结Ⅲ-Ⅴ族/硅基太阳电池突破了硅太阳电池的理论极限;钙钛矿太阳电池受到广泛关注,最高效率达到 22.1%;有机薄膜太阳电池厚度再创新低,达到 1 微米;金属氧化物有望使太阳电池实现储电功能。二是大容量、快速充电成为锂离子电池重要发展方向;锂离子电池首次应用到国际空间站、美国宇航服。三是以厨余垃圾为代表的微生物燃料、乙醇燃料等新型燃料有望降低燃料电池成本。四是锌蓄电池、锂硫电池、镁电池等新型蓄电池技术不断成熟,有望取代锂离子电池;液态金属电池、石墨烯电池等或将引领电池革命,实现超快速、低成本充电。

(一) 太阳电池继续向高转换效率、超轻薄方向发展

2016 年,各种太阳电池的转换效率获得显著提升,碲化镉(CdTe)薄膜太阳电池、硅基太阳电池板、硅异质结叠层太阳电池转换效率均取得突破性成果。新材料、新结构、新工艺促进新型钙钛矿太阳电池的转换效率不断提高,有望更快实现商业化应用;冷压焊技术使柔性超薄太阳电池厚度达到 1 微米;金属氧化物有望使太阳电池既能发电又能储电。

1. CdTe 薄膜太阳电池、硅基太阳电池板转换效率连创新高

2016 年 2 月,美国纽波特公司技术与应用中心光伏实验室将 CdTe 光伏电池的单元转化效率提高至 22.1%。2016 年 6 月,美国 SunPower 公司将硅基太阳电池板转换效率提高至 24.1%,超过松下公司 2016 年 3 月创造的硅基太阳电池板转换效率 23.8% 的最高纪录,获得美国能源部国家可再生能源实验室(NREL)认证。

2. 多种新型多结太阳电池问世

2016 年 1 月,美国能源部国家可再生能源实验室与瑞士电子与微技术中心(CSEM)联合开发出双结Ⅲ－Ⅴ族/硅太阳电池,转换效率达到 29.8%(光照条件为 1 个太阳强度),超过了晶体硅太阳能电池 29.4% 的理论极限。该太阳电池上层采用磷化铟镓(GaInP)太阳电池,下层采用硅异质结(SHJ)电池,利用机械堆叠方法构成双结太阳电池,转换效率有望突破 30%。4 月,美国阿尔塔设备公司在单结砷化镓(GaAs)薄膜太阳电池技术基础上,添加 InGaP 薄膜结构,组成双结太阳电池。由于 InGaP 能更高效地使用短波长光子,双结电池效率提高至 31.6%。这种双结薄膜太阳电池只需要普通薄膜太阳电池表面积的 1/2,重量的 1/4 便可提供同等电力,特别适用于无人机。

3. 钙钛矿太阳电池转换效率不断提高

2016 年 6 月,瑞士洛桑联邦理工学院(EPFL)将涂布工艺与简易真

空工艺结合,得到高品质钙钛矿晶体,成功试制单元尺寸为 SD 卡大小的钙钛矿太阳电池,转换效率超过 20%。此前,钙钛矿太阳电池的转换效率最高为 22.1%,由韩国化学研究所(KRICT)与韩国蔚山科技大学(UNIST)联合开发,但面积仅有 0.1 厘米^2。洛桑联邦理工学院首次以较大单元尺寸(SD 卡大小)突破 20% 的单元转换效率,将其与现有硅基太阳电池串联,有望将转换效率突破 30%,理论极限为 44%。2016 年 7 月,英国剑桥大学发现混合铅卤化物钙钛矿材料可循环利用光子,有望突破当前钙钛矿太阳电池的能源转化效率极限,达到太阳能板硅片的水平。2016 年 9 月,德国太阳能与氢能研究中心、德国卡尔斯鲁厄理工学院及 IMEC 联合研制出钙钛矿/铜铟镓硒(GIGS)薄膜太阳能光伏组件,将转换效率提升至 17.8%,并有望在未来几年超过 25%。

4. 有机薄膜太阳电池厚度再创新低

2016 年 3 月,美国麻省理工学院开发出一种超轻、超薄的柔性太阳电池,在航天器或高空探测气球等对重量较为敏感的场合具有重大应用潜力。这种太阳电池主要由两种材料组成,基底和涂层采用常见的聚对二甲苯,吸光层采用 DBP(邻苯二甲酸二丁酯)材料。本次开发的电池厚度仅为 2 微米,是传统太阳电池的千分之一,功率重量比为 6000,是典型硅基太阳电池的 400 倍。此外,该太阳电池所有部件制造仅用一步完成,在真空室中利用气相沉积技术直接"生长"基底和太阳电池单元,无需其他工序,便于大规模生产,并缩短电子元器件在灰尘等污染环境中的暴露时间,提高产品质量。

2016 年 7 月,韩国利用砷化镓半导体研制出厚度为 1 微米的超薄太阳电池,可环绕到普通铅笔上,发电量与 3.5 微米厚的超薄太阳电池相同。这项研究采用"冷压焊"技术将电池直接印制在柔性衬底上。衬底上的光刻胶在 170℃ 时会融化,然后将电池焊接到基板电极上。制备过程不使用黏接剂,使用的光刻胶在电池板冷却后就会被剥离,有助于降低电池厚度。这项研究把无机复合半导体微电池设备和可弯曲或可延展的基板结合起来,通过减少电池的厚度提高其韧性,可为衣服、皮肤等可穿戴电子设备供电。随着超薄太阳电池技术的发展,未来将可附着在各种表面,而不再限于地面电站或者屋顶。

5. 金属氧化物太阳电池实现储电功能

2016 年 3 月,美国斯坦福大学研究发现,加热铁锈等金属氧化物可以提升太阳电池的转换效率和能量储存效率。硅太阳电池无法储存电能,并非常规意义上的"电池"。斯坦福大学计划以金属氧化物代替硅,白天在日照下产生电能,把光子转化为电子,并利用电子把水分子分解成氢气和氧气,再在夜间以某种方式"重组"氢气和氧气,释放出能量。

斯坦福大学研究人员在不同温度条件下对钒酸铋、氧化钛和氧化铁三种金属氧化物分解水分子的能力进行测试。结果发现:温度升高时,电子通过这三种氧化物的速率加快,产生的氢气和氧气量相应增加。利用阳光加热金属氧化物时,产生的氢气可以增加一倍。

这一突破将可用于太阳电池大规模储能,改变人类生产、储存和消耗能源的方式。

(二) 锂离子电池向大容量、快速充电方向发展

2016 年,锂离子电池在研发和应用领域都取得较大发展。新型电极材料可显著提高锂离子电池充电速度及电池容量;新型电池纤维素隔离膜可有效解决电池漏电短路难题;国际空间站、美国宇航服均首次采用了锂离子电池。

1. 新型负极材料进一步提高电池储能量和充放电速度

2016 年 3 月,美国加州大学河滨分校的研究人员开发出了一种新型硅负极,应用在锂离子电池中。新型硅负极使用 3D 锥形碳纳米管材料,可减轻电池 40% 重量,储能提高 60%,充电速度提升 16 倍。硅的重量比容量达到 4200 毫安·小时/克,是目前普遍使用的石墨负极(比容量仅为 370 毫安·小时/克)的 10 倍以上。但硅和锂会在电池内部发生反应,使电池膨胀 4 倍,没有改造过的硅材料并不适合作为电池负极。加州大学河滨分校开发出新型纳米架构,可使用硅为负极。电池

使用石墨烯和柱状碳纳米管,利用温和的电感耦合等离子体使柱状纳米管变成锥形结构,而后沉积非晶硅。采用这种纳米结构负极的锂离子电池在快速充放电循环中表现出了极高的稳定性,比能达到1954毫安·小时/克(是普通石墨负极的5倍),230次充放电循环后,比能仍可达到1200毫安·小时/克。

9月,韩国蔚山科学技术院(UNIST)开发出"石墨－硅复合材料",替代石墨负极,可将电池容量提高45%。新电极是在石墨分子之间注入了20纳米的硅粒子,电池充放电速度也比现有电池快30%以上。

2. 新型电池纤维素隔离膜可解决电池漏电短路问题

为防止电池漏电短路,通常要在电池两极间涂一层多孔薄膜进行隔离。2016年7月,韩国蔚山国立科技学院设计了一种纤维素纳米垫(c－mat)隔离膜,在一层较厚的大孔聚合物上添加一层多孔纤维素薄膜,有效解决了传统电极隔离膜难以兼顾防漏电与离子高效传输的问题。新型隔离膜上层使用较薄的功能化纳米纤维,下层是较厚的聚合物。通过微调两层的厚度,可平衡防漏电和支持离子快速传输间的需要:纤维素层微小的纳米孔能放置电极间电流泄露;聚合物层较大的孔道作为离子"高速路"促进电荷迅速传输。此外,c－mat隔离膜能改善电池在高温下的循环性能,在60℃高温下,使用新型隔离膜的电池经100次循环后仍保留80%的电量,而同样温度下用传统聚合物隔离层的电池只剩5%的电量。这种隔离膜未来可用于电动车电池、电网储电系统、海水淡化和重金属离子监测等方面。

3. 锂和碳构成的新有机材料可实现无钴锂离子电池

2016年9月,日本京都大学利用锂和碳成功试制不用钴做电极材料的新型锂离子电池。该电池与含钴电极锂离子电池容量相当,可摆脱对钴的依赖,降低生产成本,寿命更长、衰减率更低。实验表明,这种新型锂离子电池经过100次充放电后,电池容量衰减不超过20%。松下电器公司希望将电池充放电次数提高到500～1000次,实现商业化生产。

4. 共价有机框架材料既可大量储电又可快速充放电

2016 年 9 月，美国西北大学开发了一种新型电池材料，既能存储大量电能，又能实现快速充放电。该材料被称作"共价有机框架"（COF），是一种水晶有机结构，有大量适合存储能量的气孔。向 COF 添加导电聚合物生成"氧化－还原 COF"，储电量是 COF 的 10 倍，充放电速度是 COF 的 10～15 倍，稳定性大于 1 万个充电周期，集电池和超级电容优势于一体。

5. 锂离子电池的应用领域进一步拓展

2016 年 6 月，国际空间站首次装备了日本制造的锂离子电池。与目前空间站使用的镍氢电池相比，锂离子电池储能量多 3 倍、寿命也更长。7 月，美国国家航空航天局（NASA）的宇宙探测用宇航服将安装 LG 化学公司的电池，寿命是目前航空航天用银锌电池的约 5 倍。

（三）新型燃料有望降低燃料电池成本

燃料电池是将燃料具有的化学能直接变为电能的发电装置，与其他电池相比，具有能量转化效率高、无环境污染等优点。2016 年，多种新型燃料出现，采用厨余垃圾新型微生物燃料电池或可彻底改变发电方式；新型乙醇燃料电池有望 2020 年在汽车上实现应用，成本可与电动汽车相当。

1. 新型微生物燃料电池成本低性能高

2016 年 3 月，英国巴斯大学、伦敦大学玛丽女王学院和布里斯托尔机器人技术实验室联合开发出一种可利用厨余垃圾的微生物燃料电池，性能好、体积小、成本低。

微生物燃料电池是利用某些细菌将有机物转化为电能的装置，具有可在常温常压下工作，效率高，废物少的优点，可以从有机废物如尿液中产生可再生的生物能源，彻底改变发电方式。但微生物燃料电池的制造成本相当昂贵，产生的生物电力较少，电池的阴极通常含有加快反应以产生电力的铂。该新型微生物燃料电池阴极材料采用碳纤维布和钛丝,用厨余垃圾中常见的糖、卵白蛋白、蛋清蛋白等成分制成催化剂,可加快反应速度,获得更多电能,功率输出提高 10 倍。

2. 乙醇燃料电池有望于 2020 年实现应用

2016 年 6 月,日本日产汽车公司将乙醇(酒精)作为氢源开发出新的燃料电池技术,在行业内尚属首次。乙醇可从农作物(如甘蔗、玉米)中提取,成本较低,作为氢源用于燃料电池无需安装笨重、昂贵的氢燃料箱。在巴西等国家,乙醇已作为汽车燃料。与此不同,日产汽车公司将乙醇用于燃料电池组。公司计划 2020 年在汽车上应用,有望延长大型电动汽车的行驶里程,添加一次燃料可行驶约 800 千米,比普通燃油汽车多近 200 千米,运行成本和电动汽车相近。

(四)多种新型电池有望引领蓄电池革命,替代锂离子电池

2016 年,随着等大型电池市场需求的日益高涨,旨在替代锂离子电池的下一代高能电池技术层出不穷。锌蓄电池、锂硫电池、镁电池等有望取代锂离子电池,降低蓄电池成本;丰富且廉价的钙可成为液态金属电池重要原料,开辟了电池设计新道路;石墨烯电池或将引领电池革命,实现超快速、低成本充电。

1. 新型锌蓄电池成本仅锂离子电池一半

2016 年 6 月,美国斯坦福大学、日本丰田中央研究所联合研制出锌蓄电池,性能与目前通用的锂离子电池相当,价格仅为其一半,有望用于电力储存和电动车等耗电量较大的领域。金属锌作为电池负极会在反复充放电后形成针状物,破坏电池结构,因此很难用于蓄电池,通常用于一次性电池。研究人员使金属锌产生的针状物朝不破坏电池结构的方向延展,实现反复充电。利用锌制成的电池使用便宜且易于输出电流,可用水作为电解液,没有易燃易爆风险,生产和储存成本较低,

2. 锂硫电池实现稳定的充放电循环特性

2016 年 6 月,日本产业技术综合研究所(简称产综研)与筑波大学联合开发出锂硫电池,在 1 库的充放电电流密度(恒流放电 1 小时后结

束放电时的电流值）下完成 1500 次循环测试后，这种电池仍可保持 900 毫安·小时/克的充电容量。采用硫作为锂离子电池正极的锂硫电池具有较高的容量（理论值为 1675 毫安·小时/克），放电反应中间产物多硫化锂易溶解于电解液，发生氧化还原反应导致电池容量退化。研究人员采用金属有机骨架作为电池隔膜，阻止多硫化离子通过，允许锂离子通，从而抑制氧化还原反应，防止电池容量。

3. 首个可实用镁充电电池问世

2016 年 10 月，本田公司（Honda）声称已经开发出了世界上第一块可实际应用的镁充电电池。

镁用于可充电电池中时会在充、放电过程中，其充电性能会迅速衰退。镁的成本比锂低 96%，本田公司正在推动镁电池批量生产，预计 2018 年投入使用。

4. 钙原料开辟了液态金属电池设计新道路

2016 年 3 月，美国麻省理工学院发现钙可降低大容量三层液态金属电池成本。钙是液态金属电池负电极层的理想材料之一，但钙易溶解于盐溶液，且熔点较高，如果用钙作为电极，液态金属电池必须在 900℃的高温状态下工作。为此，麻省理工学院利用钙镁合金，使熔点降低 300℃，同时保持良好的高压性能。同时，电解质采用氯化锂和氯化钙的混合溶液，不仅可抑制钙镁合金的溶解，还增加了电池的整体能量输出。

5. 石墨烯电池或将实现超快速、低成本充电

2016 年 7 月，西班牙 Graphenano 公司与科尔瓦多大学联合研制出首个石墨烯聚合材料电池，储电量是目前最高水平的 3 倍，充电时间不到 8 分钟。这种石墨烯聚合材料电池的使用寿命较长，是传统氢化电池的 4 倍，锂离子电池的 2 倍，重量仅为传统电池的 1/2，成本比锂离子电池低 77%。

7 月，澳大利亚墨尔本史威本大学利用 3D 打印技术制出石墨烯超级电容器，充电速度快，并且可以持续永久，并显著降低了生产成本。

此外,蜂窝状石墨烯薄膜非常强大和灵活,可用于穿戴式设备。

九、电子材料技术

2016 年,电子材料领域的研究重点是碳化硅(SiC)材料、氮化镓(GaN)材料、石墨烯材料和二维材料,其中碳化硅材料、氮化镓材料研究重点是改善工艺、降低成本;石墨烯材料在理论研究上取得较大成果,并带动了光学原理的电子器件、物理学新领域电子能谷理论的新发展;此外,利用脉冲激光技术有助于实现纸基、硅基石墨烯电子器件;氧化锡(SnO)半导体、具有 p - n 结构的晶格失配材料等新型二维材料可促进二维电子器件早日实现;氦离子显微镜技术、二硫化钼(MoS_2)生长工艺、电子增强原子层沉积(EE - ALD)方法、全透明晶体管工艺技术及硅烯制造工艺的发展有望使多种新型电子器件的研制成为现实,加速电子技术进步。

(一)碳化硅、氮化镓材料生产效率有望提升

作为目前电子器件最重要的材料,碳化硅和氮化镓材料的性能、生产成本依旧是技术发展重点方向之一。2016 年,碳化硅晶片生产效率显著提高,有望降低碳化硅器件成本;钠助熔剂生长技术有利于生产高性能氮化镓自支撑衬底;柔性基板上的晶体氮化镓纳米线开辟氮化镓光电子学新道路。

1. 日本开发出可高速生产碳化硅晶片的 KABRA 激光切片工艺

2016 年 8 月,日本 Disco 公司开发出 KABRA(关键非晶晶锭重复吸收)激光切片工艺,可提高碳化硅晶片加工能力。目前,碳化硅晶片主要由多个金刚石线锯切割碳化硅晶锭生产。碳化硅刚性高导致切片时间较长,且切片时会损失大量原材料,极大限制碳化硅的产片率。Disco 公司开发的 KABRA 工艺采用连续垂直激光照射碳化硅晶锭表面,在晶锭内特定深度形成水平的光吸收分离层。分离层的碳化硅会

分解成非晶态的非晶硅（Si）和非晶态碳（C），从而形成晶片。

KABRA 工艺可应用于多种类型的碳化硅晶锭，包括单晶锭和多晶锭，与现有金刚石线锯切割工艺相比具有以下优势：①处理时间短。现有金刚石线切割方法将直径 4 英寸碳化硅晶锭切割出一片晶片需要约 2 小时，将 20 毫米厚的碳化硅晶锭切成 350 微米厚的晶片需要 2～3 天，而利用 KABRA 工艺分别仅需要 25 分钟和 18 小时。②无需打磨过程。现有工艺需要去除约 50 微米厚的粗糙表面，而 KABRA 工艺分离后的晶片表面光滑，无需打磨。③节省材料。现有工艺加工每个晶片会损失约 200 微米，而 KABRA 工艺的 KABRA 层除去量可控制在约 100 微米，使单个晶锭加工出的晶片数量提高 1 倍。

2. 日本开发出可用于制造高性能自支撑氮化镓衬底的钠助熔剂技术

2016 年 7 月，日本大阪大学利用含有少量碳的钠助熔剂开发出氮化镓的液相外延（LPE）生长工艺，并利用锂、镓溶解蓝宝石，留下自支撑氮化镓衬底。目前，大部分氮化镓器件都制备在蓝宝石衬底上。蓝宝石绝缘、导热性差且硬度较高，制约了氮化镓器件的结构设计及性能发展。此外，大部分氮化镓生长工艺均需要冷却流程。由于氮化镓和蓝宝石的热膨胀系数失配，冷却时产生的应力会导致氮化镓出现裂纹。LPE 生长工艺得到的自支撑氮化镓衬底位错密度约为 10^6/厘米^2，比蓝宝石衬底氮化镓的位错密度低 2 个量级，具有较高的临界电场、电子迁移率和热导率，使芯片电流密度提高 5～10 倍，可显著提高激光二极管、发光二极管和大功率、高频器件性能。

3. 德国开发出在柔性衬底上制备晶体氮化镓纳米线的新工艺

2016 年 6 月，德国保罗·德鲁德固体电子研究所在柔性钛箔上生长出晶体氮化镓纳米线，为氮化镓光电子学的低成本卷对卷生产方法开辟了新途径。与蓝宝石等常规衬底相比，金属箔具有较强的热导率、电导率及光反射率，是理想的柔性衬底。研究人员首先利用氮化技术在 1000℃下制备出 127 毫米厚、面积为 6.25 厘米^2 的多晶钛箔，其表面为氮化钛。然后使用固态源"等离子体辅助－分子束外延"(PA－MBE)工艺在多晶钛箔上生长出晶粒尺寸约 50 纳米的 GaN 纳米线,生长温度为 730℃,共需 4 小时。由于两者晶格适配,氮化镓纳米线在多晶钛箔上生长顺利,结晶度较高,有利于提高电子器件性能。

(二) 石墨烯材料理论研究及制备工艺取得新进展

2016 年,科学家聚焦石墨烯物理性质及制备工艺研究,并获得显著成果。首次发现石墨烯存在全新的物质状态——量子自旋液体,有可能应用于量子计算机;首次观察到石墨烯中电子行为类似光线,有望促进光学原理的电子器件发展;制备出新型双层石墨烯器件,向电子能谷学领域迈出了新的一步;脉冲激光工艺可有助于实现纸基石墨烯电子器件,及石墨烯在室温下的硅基集成;新型石墨烯纳米带制备工艺可与现有半导体工艺设备兼容,有望实现纳米带与晶体管、混合集成电路等传统半导体的集成制造;超高温离子注入(HyTII)工艺可制造出具有可调带隙、高载流子密度、低缺陷和高稳定性的石墨烯薄膜,扩展石墨烯应用潜力。

1. 美国首次家发现石墨烯的全新物质状态——量子自旋液体

2016 年 4 月,美国橡树岭国家实验室在石墨烯中发现全新物质状态,称为"量子自旋液体"。"量子自旋液体"理论上仅隐藏在某些磁性材料中。研究人员发现这种状态会导致电子在二维结构解体,但目前尚未得到能表征"量子自旋液体"化学结构的实验指纹图谱,需要开展更多研究,有望应用于量子计算机。

2. 美国首次观测到石墨烯中电子行为类似光线

2016 年 10 月,美国哥伦比亚大学在石墨烯中首次直接观察到电子穿过导电材料的两个区域边界时发生了负折射现象。这表明电子在原子层厚度薄膜材料中的传播方式类似光线,可通过透镜、棱镜等光学器件操纵。

在导电材料中像控制光束一样控制电子,有助于人们实现全新的电子器件。例如,计算机芯片开关是通过打开或关闭整个设备来实现的,这消耗了大量能量。利用透镜控制电极之间的电子"光线"将更高效,解决了实现更快、更节能产品的一个关键瓶颈技术。

这项研究可用于制备新型实验探针,例如实现芯片级电子显微镜片,用于原子级成像和诊断。同时,使分束器和干涉仪等光学组件有望用于固态电子的量子性质研究。此外,这项研究将推动低功耗、超高速开关技术发展,用于模拟(RF)和数字(CMOS)电路,可缓解当前集成电路的高功耗和热负载问题。

3. 美国研制出石墨烯能谷电子器件

2016年8月,美国宾西法尼亚州立大学研制出基于双层石墨烯的新型器件。该器件不仅提供了电子动量控制的实验证据,且功耗及发热远低于CMOS晶体管。目前,硅基晶体管依靠电子电荷开启或关闭。电荷是一种电子自由度,电子自旋是另一种电子自由度,而第三个电子自由度则为电子的谷自由度,其基于电子动量与电子能量的相关性。这项研究实现了电子谷自由度对电子的控制,向能谷电子学领域又迈出了新的一步。

该器件的制备过程为:首先将一对栅极放置在双层石墨烯的上下表面,然后施加与石墨烯平面垂直的电场。在一侧栅极加正电压,在另一侧栅极加负电压,可在双层石墨烯中打开一个通常不存在的能带隙,将此带隙设置为70纳米。在该间隙内放置一维金属状态或称为通路,相当于带有彩色编码的电子用高速公路。具有不同谷自由度的电子能够沿着通路朝相反方向运动,阻力很小,因此电子器件能耗较低,发热较少。

4. 美国开发出大面积制造石墨烯的脉冲激光工艺

2016年9月,美国爱荷华州立大学利用喷墨打印机开发出脉冲激光处理工艺,可提高石墨烯的导电性,且无需高温或化学处理,不会损伤纸张、聚合物等打印表面,有望用于可穿戴和低成本电子设备加工。

研究人员先用域匹配外延技术将一层单晶氮化钛放置在硅衬底

上,并保证氮化钛的晶体结构与硅晶体结构对齐,然后再次使用域匹配外延技术在氮化钛上放一层铜 – 碳合金(Cu – 2.0 原子百分比 C)。最后使用纳秒激光脉冲融化合金表面,将碳原子拉到表面。激光器发出一个快速高能光子脉冲进行局部照射、加热处理,不会损坏石墨烯和衬底。若工艺过程在真空中进行,表面上的碳会形成石墨烯;若在氧气中进行,表面上的碳形成氧化石墨烯;若先真空再进入潮湿的大气环境中,表面上的碳则会形成还原氧化石墨烯。在所有三种情况下,碳的晶体结构均与下面的铜碳合金保持一致。激光脉冲照射可移除喷墨打印制备出的氧化石墨烯表面的墨水粘合剂,并抑制石墨烯表面氧化,将数百万个石墨烯薄片连接在一起。该工艺改变了打印石墨烯的形状和结构,从平面变为三维纳米结构,其高低不平的脊状结构可使导电性提升1000 倍。

这项研究为石墨烯大面积制造开辟了新途径,将推动石墨烯电子器件的发展,还可制造低成本、一次性石墨烯基电极,在传感器、燃料电池和医学器件等领域应用前景广泛。

5. 美国实现可与传统半导体工艺兼容的石墨烯纳米带制造工艺

2016 年 9 月,在美国能源部基础能源科学办公室、自然科学基金、工程研究委员会、威斯康星大学、国防部、国家科学基金、3M 公司的共同资助下,美国威斯康星大学麦迪逊分校采用化学气相淀积技术,在传统锗晶圆上直接制造出宽度小于 10 纳米、长宽比大于 70 的半导体石墨烯纳米带,完成从半金属石墨烯向半导体石墨烯纳米带的转化。

制备实现高度各向异性石墨烯纳米带的关键是要控制纳米带宽方向的生长速率低于 5 纳米/小时。该方法直接在传统半导体晶圆上制造纳米带阵列,与现有半导体工艺设备兼容,这一进步有望实现纳米带与晶体管、混合集成电路等传统半导体的集成制造,在高能效电子产品和太阳能电池等领域应用前景广阔。

6. 美海军研发出带隙可调低缺陷石墨烯制备工艺

2016 年 6 月,美国海军研究实验室(NRL)电子科学技术和材料科学技术分部研发出石墨烯掺氮的新方法——超高温离子注入(HyTII)工艺,实现了带隙可调的低缺陷石墨烯薄膜。

石墨烯作为一种单层碳原子晶体,有着优良的物理性质和独特的电子性质,但因没有带隙,限制了其在电子器件中的应用。传统掺杂法或化学功能化法会给石墨烯带来结构缺陷,极大地降低石墨烯的性能。而氮原子掺杂可为石墨烯赋予带隙,同时能增加石墨烯的导电性和稳定性。

NRL研发出的超高温离子注入系统可精确控制掺杂位置和深度,以直接替代的方式实现石墨烯掺氮,可并通过调整超高温离子能量,使石墨烯具有不同带隙。而且,该方法不会带来额外缺陷,保持了石墨烯良好的电子输运特性。

此次技术突破可制造出具有可调带隙、高载流子密度、低缺陷和高稳定性的石墨烯薄膜,在电子或自旋应用中拥有巨大潜力。

(三)二维材料研究取得多项突破

2016年,二维材料成为各国研究重点,涌现多种新型材料。二维氮化镓材料出现,有望带来二维分层材料的新异质结构;首个稳定的P型二维半导体材料被发现,有望实现二维半导体晶体管;由硅、硼和氮构成新型二维材料有望替代并超越石墨烯材料;新型晶格匹配二维材料具有p-n结构,开启了在光电领域的新应用;新材料金刚石/氮化硼晶体层可用于高功率器件;利用氦离子显微镜的喷砂技术可在二维材料上直接写入、编辑电路,有望取代硅半导体技术;硅烯制造工艺获突破给未来自旋器件发展带来希望;电子增强原子层沉积(EE-ALD)方法开辟了薄膜微电子学的新路径,是2016年六大技术亮点之一。

1. 美国首次合成二维氮化镓材料

2016年8月,美国宾夕法尼亚大学首次合成二维氮化镓材料。该材料由石墨烯辅助的"迁移增强包封生长工艺"(MEEG)合成,禁带宽度达4.98电子伏特(eV),具备优异的电子和光学性能,将促进深紫外激光器、新一代电子器件和传感器的发展。

二维氮化镓材料属于超宽禁带半导体材料,具有电子迁移率高、击穿电压高、热导率大、抗辐射能力强、化学稳定性高等特点。这种材料可制作大功率微波器件等电子器件,以及多光谱红外/光电探测器、深紫外激光器等光电器件,大幅提升雷达、光电、电子对抗等装备的战技性能。本次合成二维氮化镓材料过程如下:①加热碳化硅基底,使表面的硅升华,利用剩下的富碳表面构建石墨烯结构;②通过加氢,使表面未饱和的悬键钝化,形成双原子层石墨烯,使石墨烯层与碳化硅基底的接触面完全平滑;③注入三甲基镓并加热分解出镓原子,镓原子穿过石墨烯层,嵌入到石墨烯层与碳化硅基底的夹层中;④注入氨,通过氨的分解作用生成氮原子,氮原子以同样的方式进入夹层,并与镓原子反应,生成二维氮化镓材料。

2. 美国发现首个稳定的 P 型二维半导体材料

2016 年 2 月,美国犹他大学发现了一种 P 型二维半导体材料——SnO 半导体,将推动高速率、低功耗计算机和智能手机的发展。目前,石墨烯、二硫化钼和硼烯等二维材料均是 N 型半导体材料,只允许 N 型或阴极电子运动。SnO 被认为是首个稳定的 P 型二维半导体材料,对实现二维电子器件具有重要意义。采用二维半导体材料制成的晶体管会将计算机和智能手机的处理速度提高 100 倍以上,同时降低处理器的功耗及发热。二维电子器件受到人们的极大兴趣,并有望在未来两三年实现相关原型设备制造。

3. 美国、欧洲联合开发出超越石墨烯的新型二维材料

2016 年 3 月,美国肯塔基大学与德国戴姆勒公司、希腊电子结构与激光研究所(IESL)联合研发出新的单原子厚度二维材料。新材料是由硅、硼和氮三种化学元素构成,这三种元素具有重量小、成本低、储量丰富等优点。这种材料性能非常稳定,即使加热到1000℃,其化学键也不会断裂,具有其他石墨烯替代品所缺乏的特性,且其性质可微调。

理论计算发现,硅、硼、氮原子只有像石墨烯一样排列成六边形图案才能使新材料具有稳定的结构。由于三种元素具有不同的尺寸,原子键也不同,因此组成的六边形边长并不相等。新材料显示出金属材料性质,通过在硅原子上附着其他元素可构建出能带隙,将其制备成半导体,通过改变附加元素还可调整新材料的带隙值。同时,硅元素的存在使新材料有可能与现有硅基半导体完全集成。因此,新材料在太阳能电池及其他电子器件领域的应用优势远超石墨烯。

4. 美国制备出新型 p－n 结构二维材料

2016 年 4 月,美国能源部橡树岭国家实验室采用硒化镓(GaSe,P 型半导体)和二硫化钼(N 型半导体)两种晶格失配材料生长出高质量的原子厚度薄膜。研究人员利用范德瓦尔斯外延技术先生长一层二硫化钼,然后在二硫化钼上面生长一层硒化镓。扫描透射电子显微镜的表征结果显示,新材料为双层结构,其莫尔条纹完全一致,表明尽管两种材料晶格失配,但仍可按照长程原子有序的方式在彼此顶部自组装生长。同时,晶格失配的硒化镓和二硫化钼会形成 p－n 结,通过光激发产生电子—空穴对,进而产生光电响应,使新型晶格失配二维材料成为功能材料,有望用于光电器件领域。此外,这种 p－n 结构在其他晶格适配的二维异质结构中从未发现,有重大的研究价值,帮助人们对多种物理现象开展更深入的研究,包括界面磁性、超导电性和蝴蝶效应等。

5. 美国制备出可用于高功率器件的金刚石/氮化硼晶体层

2016 年 5 月,美国北卡罗来纳州立大学将金刚石沉积在立方体氮化硼(c－BN)表面,使两者构成新的单晶体结构。研究人员利用脉冲激光沉积法在 500℃ 环境下,将金刚石沉积在立方体氮化硼表面,得到金刚石/立方体氮化硼结构,通过调整激光控制金刚石厚度。传统化学气相沉积法也能将金刚石沉积在立方体氮化硼表面,但需要利用甲烷、氢气和 900℃ 的钨丝。该技术只需使用固态碳和氮化硼,且制备过程在单腔室内进行,不涉及有毒气体,可在较低的温度下完成,比传统工艺更节能、更环保。

立方体氮化硼具有立方晶体结构,与金刚石性质相似,带隙较高,可适用于大功率器件,如下一代智能电网所需的固态变压器。此外,立方体氮化硼通过"掺杂"可形成正、负电荷层,能够用于制备晶体管;当暴露在氧气中时,其表面可形成稳定的氧化膜,使其在高温条件下保持稳定。因此,立方体氮化硼与金刚石相结合,可防止金刚石在高温环境中氧化成石墨,并预防金刚石与铁相互作用,扩大金刚石的应用范围,如高速切削加工和深海钻井设备。

6. 美国开发出可直接在二维材料上写入、编辑电路的新工艺

2016 年 3 月,美国能源部橡树岭国家实验室利用氦离子显微镜,在体型铜铟硫材料制备层状铁电体表面进行了原子尺度的"喷砂处理",得到具有剪裁特性的材料,在手机、太阳能电池、柔性电子器件和显示设备领域应用潜力巨大。氦离子显微镜通常用于物质的切割和塑形,也可用来控制铁电畴的分布,提高纳米结构的导电性。这项研究实现了在二维材料上直接写入、编辑电路,无需复杂的多步光刻工艺,有望在部分应用领域取代硅半导体技术。

7. 澳大利亚突破硅烯制造工艺难题

2016 年 8 月,澳大利亚伍伦贡大学利用氧分子成功将硅烯与金属衬底分离,解决了硅烯制造难题。在该项研究中,研究人员在真空环境中通过在金衬底上沉积硅晶圆制备硅烯薄膜,并将氧分子引入到沉积室。由于在真空中,氧分子流的路径是笔直的,因此能精确地注入硅烯层与金衬底之间,从而成功制备出硅烯薄膜。

硅烯具有和石墨烯同样的特性,如超导性;但同时还具有石墨烯所不具备的带隙,这意味着它能够导通和关断电流,可用于构建数字逻辑电路。但硅烯非常难于生产,限制了其应用。因此,该项技术突破对未来设计、应用硅烯纳米电子技术和自旋器件具有重要意义。

8. 美国开发出室温合成超薄材料的电子增强原子层沉积工艺

2016 年 7 月,美国科罗拉多大学与美海军研究实验室、国家标准与技术研究所联合开发出新的电子增强原子层沉积(EE - ALD)方法,用于在室温下合成超薄材料。该方法在传统原子层沉积技术的基础上,通过控制原子层沉积循环过程中的电子能量,更好的沉积或蚀刻材料,可在室温下合成超薄材料,开辟了薄膜微电子学的新途径。

现有方法合成超薄材料需要 800℃ 或更高的温度,许多组件在高温条件下会失去其关键功能,不能实现超薄材料的生产应用。EE-ALD技术实现了室温条件下用电子选择性地除去(蚀刻)沉积材料,有望提高超薄薄膜的质量。目前,科罗拉多大学已经利用该项新技术在室温下制备出硅和氮化镓超薄膜,有望实现薄膜的三维空间精确控制。同时,该校还专门建立了沉淀实验室来展示电子增强原子层沉积技术,不断调整工艺参数,以更好地在三维空间控制膜的组分和性能,并将此工艺用于更大尺寸晶圆衬底,且一次性处理多个晶圆。EE-ALD工艺通用性较强,可在 6 英寸硅晶圆上沉积或蚀刻由多种材料构成的薄膜,替代传统掩蔽方法。理论上,EE-ALD 可推广到更大的衬底,并同时处理多个晶圆。同时,该方法不仅可用来集成不兼容的材料,还可在原子尺度构建器件体系结构。EE-ALD 技术不仅可以用来集成不兼容的材料,而且可更普遍地在原子尺度构建和蚀刻器件体系结构,开辟了薄膜微电子学的新路径。

(四)其他新型材料取得显著成果

2016 年,除传统的氮化镓、碳化硅、石墨烯、二维材料等先进材料外,新出现的碘磷化锡的半导体材料,钙钛矿氮氧化物也将有助于提高电子器件性能;高温超导体材料研究也获飞跃进步;低成本全透明晶体管工艺技术问世,可实现高性能透明电路。

1. 欧盟研发出新型高温超导材料

2016 年 2 月,欧盟"量子材料控制前沿"(Q-MAX)项目在高温超导领域取得重大突破。研究发现,X 射线脉冲可实现晶体振动,导致材料表面原子厚度的磁特性发生变化。这种结构层厚度的氧化物薄膜具有与体型结构非常不同的性质,可以使它们在更高的温度下工作。但由于高温超导电性能不稳定,难以维持较长时间。因此,为确保高温超导材料的稳定性,研究人员将超导材料放在保护层中间,保护层采用特殊材料构成,屏蔽温度等环境因素干扰。这项研究有助于开发高温超导器件,有望开辟磁存储技术新途径。

2. 日本优化钙钛矿氮氧化物处理工艺

2016 年 3 月,日本研究人员首次在氮氧化物钙钛矿铁电陶瓷上观察到铁电响应,使该材料有望作为新的介质材料用于多层陶瓷电容器。目前生产上通常采用烧结法制造钙钛矿氮氧化物陶瓷,获得更高的密度来提高绝缘性能。然而烧结过程可能导致材料化学组分发生变化,使其由绝缘体变为导体。日本研究人员通过改进工艺,在 1450℃ 的温度下烧结钙钛矿粉 3 小时,然后在 950℃ 的氨气环境中"退火"12 小时,再自然冷却。处理后的材料表面具有重要的介电性能,称为"铁电性"。氮氧化物钙钛矿材料具有独特的晶体结构,且成本低、制备工艺简单,有望成为锆钛酸铅的替代品。锆钛酸铅是目前在电容器中应用最广泛的陶瓷之一,在销毁时会危害环境和健康。

3. 沙特阿拉伯开发出铝掺杂氧化锌透明材料

2016 年 8 月,沙特阿拉伯阿卜杜拉国王科技大学利用原子层沉积技术,将三甲基铝和二乙基锌的挥发性蒸汽以单原子层形式粘附到衬底表面,合成了铝掺杂氧化锌透明材料,开发出一次性在单原子层上构建电路的新方法,不但材料成本低廉,且制造简便。

利用原子层沉积技术生长所有晶体管有源层,能简化电路制造工艺,且通过在原子级精确控制材料层生长,也能显著提高电路性能。此外,原子层沉积技术仅需 160℃ 的温度,满足在多种衬底上制造透明电路的要求,包括刚性的玻璃衬底和柔性的塑料衬底。研究人员在两层铝掺杂氧化锌材料层之间夹入氧化铪透明材料,利用这种层叠结构材料制造了高度稳定的薄膜晶体管,在汽车挡风玻璃、平视显示器、透明电视、智能窗户等高性能透明电路领域应用前景广泛。

4. 德国制备出新型碘磷化锡的半导体材料

2016 年 9 月,德国慕尼黑工业大学利用锡、碘和磷制出双螺旋结构的柔性无机半导体——碘磷化锡。这种材料具有与砷化镓类似的光学和电子特性,在500℃时仍可保持稳定。与碳纳米管和基于油墨的聚合物一样,碘磷化锡双螺旋结构无机半导体可悬浮在诸如甲苯的溶剂中,可很容易地生产碘磷化锡薄膜,且毒性和成本较低。由于具有双螺旋结构,碘磷化锡综合了半导体性能和机械灵活性,可提高有机太阳能电池的稳定性,同时用其制备的纤维能任意弯曲而不断裂,可广泛用于热电元件的能量转换、光催化剂、传感器和光电元件等领域。

十、计算技术

2016年,军用计算机技术整体发展迅速,新型计算机技术取得突破。美国启动可植入人脑计算机、大数据专用计算机处理器研发工作,俄罗斯光计算机研发取得重大突破;美、俄继续推进超级计算机建设,应用范围得到拓展;欧盟力推云计算发展,美国海军一体化战术云、反舰"战术云"标志云计算军事应用趋于成熟。

(一)新型计算机技术发展蓬勃,取得重大进展

在传统计算机平稳发展的同时,美国、俄罗斯等国家积极推动新型计算机技术的发展。在2016年,美国启动了可植入人脑计算机、大数据计算机处理器的研发,与此同时,俄罗斯光计算机研发计划也取得了里程碑式的重大进展。

1. DARPA打造可植入人脑计算机

2016年初,DARPA披露"神经工程系统设计"(NESD)项目部分细节,将研发体积约1厘米^{3}的可植入设备,实现大脑与计算机无障碍通信,核心问题是如何将大脑神经元的电化学信息转化为计算机使用的数据。目前,NESD项目的最大难点在于可用的神经接口只有100个通道,通道内信息繁杂,信号不稳定。为此,DARPA只与大脑特定区域神经元通信,降低信息复杂度,提高信息交换的稳定性。未来,将用于增

强单兵视觉、听觉等感知能力,实现复杂环境中的超常分辨能力,为遂行作战任务提供有力保障。

2. DARPA 研发大数据处理专用计算机处理器

8月,DARPA 启动"分级识别确认漏洞"(HIVE)项目,研发可用于大数据处理的通用可扩展计算机处理器,专门用于处理信息不完善的原始图表,比普通处理器的效率高 1000 倍。HIVE 项目将研发处理器芯片原型及相关软件工具,并建立新的系统架构,实现多源数据融合。图表分析可帮助寻找、理解复杂类型数据间的联系,辅助情报分析人员从海量数据中得出结论。

目前,绝大多数图表分析对计算能力要求苛刻,尤其是在面对海量数据时,需要借助大型数据中心的处理能力才能完成。在分析图表数据时,传统处理器因结构问题,96% 的计算能力被浪费,效率极低。为解决这一问题,HIVE 提出的新结构,提高了处理器中随机存取存储器(RAM)处理效率,利用了高效并行计算增强可扩展性,此外还增设专用图表计算加速器提升整体效率。

3. 俄罗斯光计算机计划取得重大进展

1月,俄罗斯西伯利亚地质矿物研究所成功将锗原子合成到金刚石晶格中,标志俄罗斯光学计算机研制取得重大突破。与传统电子计算机相比,光学计算机的信息传输、处理速度快,信息传输畸变和失真较小,同时能耗极小,可有效解决超级计算机散热难题。

(二)超级计算机发展平稳,应用领域多元化

美国、俄罗斯都非常重视超级计算机的发展。2016 年,超级计算机发展较为平稳,美国继续推动国防部高性能计算现代化计划,俄罗斯则实现了大规模国产超级计算机的研发。此外,超级计算机在新材料设计、大型复杂系统模拟等方面应用也取得了一定进展。

1. 美国国防部继续推进高性能计算现代化计划

10月,美国陆军分别授予克雷公司、联邦硅图公司 2660 万美元、

2650 万美元合同,为工程兵团研发中心采购 3 套超级计算机及运维服务。本次采购是国防部"高性能计算现代化计划"(HPCMP)的一部分,高性能计算系统可为国防部研究人员提供流体力学、环境质量等多建模服务。

2. 美国能源部投入超级计算机技术研究新材料设计

9 月,美国能源部宣布在未来 4 年内投入 1600 万美元用于研发超级计算机,加速新材料设计,并建立新的检验程序。桑迪亚国家实验室在如何使用超级计算机进行量子力学求解、模拟各种材料性能应用的试验方面经验丰富,将负责总体研发工作。此外,阿贡国家实验室、橡树岭国家实验室及能源部国家实验室也会参与该超级计算机的建设与应用研究。

3. DARPA 启动混合型计算架构超级计算机项目解决模拟问题

6 月,DARPA 启动"高效科学模拟加速计算"(ACCESS)项目,拟解决大型复杂物理系统的模拟问题。在过去的半个世纪里,随着超级计算机变得更快更强大,大型复杂物理系统(如气候变化、船体设计、超高速武器设计等)模拟变得更准确、实用。但近年来,随着科技水平的飞速提高,计算机架构的发展速度并没有跟上复杂的优化设计和相关模拟处理能力需求增长的脚步。

为了解决这一问题,DARPA 启动了 ACCESS 项目,研发混合型计算架构超级计算机,同时打造可与超级计算机处理器结合使用的模拟处理器,来提高大型复杂物理系统模拟时的效率。传统的超级计算机配备有多个中央处理单元(CPU),每个 CPU 被分配解决问题的某个特定部分。这种常规的问题处理模式并不适于求解大规模模拟核心方程,如复杂流体动力学和等离子体的模拟。其动力学涉及问题相当广泛,相关参数和尺度空间的运算具有整体性,不易分割。因此,需要设计专门的模拟处理器来处理相关问题。

未来,ACCESS 项目的成功完成,将会把传统的需要几星期乃至几个月才能得出运算结果的模拟问题所需时间缩短至几个小时,大大缩短高精尖武器设计研发过程,具有重大影响意义。

4. 俄罗斯完成 117 台国产超级计算机研制

6月,俄罗斯国家原子能公司 117 台国产超级计算机交付国防及工业部门,表明俄罗斯已具备超级计算机自主研制能力。这批超级计算机由 400 余家企业和研究机构共同研发、生产。

(三)云计算技术军事应用趋于成熟,推动信息战发展

云计算是继个人计算机、互联网之后的第三次信息技术变革。欧盟将实施"欧洲云计划"发展云计算技术,与此同时,美海军展示云计算技术军事应用,推动信息战发展。

1. 欧盟拟通过实施"欧洲云计划"在大数据革命中保持领先

4月19日,欧洲委员会正式发布"欧洲云计划",将在 2020 年前,发展云服务和世界级数据基础设施。该计划的最初阶段将以科研领域为重点,但随着时间的演进,其用户终将扩大到工业领域和公共服务领域。

欧洲拥有海量科学数据未被充分利用。欧委会计划加强科研基础设施能力,并实现互联互通,为 170 万名研究人员、7000 万名科技专业人员提供跨学科、跨国界的科研网络环境,能存储、共享、复用科研数据。为充分利用这些科学数据,就需要"欧洲数据基础设施"的支持,此外还需要部署高带宽网络、大规模存储设施以及超级计算机,以便有效访问和处理存储在云上的大数据集。

"欧洲云计划",将有助于研究人员更便捷获取与重用数据,降低数据存储和高性能分析的成本。让研究数据可以开放式获得,将使初创公司、中小企业、医疗和公共卫生等领域可以从由数据驱动的创新中获益。而且,该计划还将催生新的产业。

欧委会将通过一系列的行动逐步推行"欧洲云计划",主要包括:2016 年,整合现有电信基础设施、连接现有科学云和研究基础设施、开发云服务,创建覆盖欧洲的开放式科学云;2017 年,开放"地平线 2020

计划"中所有项目产生的科学数据,供科研人员使用;2018 年,启动"量子技术旗舰计划",加速量子技术发展,为下一代超级计算机奠定基础;2020 年之前,大规模部署高性能计算、数据存储和网络基础设施,建立欧洲大数据中心,升级研究与创新骨干网(GEANT),研制两台下一代超级计算机,并且最高排名进入世界前三。

商业界将通过具有效费比和方便的方式获得顶级数据、计算基础设施,这将有助于通常难以获得这样资源的中小企业。工业界将从大规模的云生态系统中获益,从而促进低功耗芯片的研发,推动高性能计算机的发展。公共服务领域也将可以访问强大的计算资源和开放式数据,进而提供成本更低、质量更好、速度更快的服务。研究人员还可以分析公共服务所创造的海量数据,获得研究成果。

"欧洲云计划"共计划分阶段投入 67 亿欧元,其中 20 亿欧元来自"地平线 2020 计划",其他款项来自欧盟、各成员国及私人投资。

2. 美国海军展示一体化战术云

7 月,美国海军 C⁴I 项目执行办公室展示了一体化战术云的关键系统——自动化数据分析系统。该系统采用了云计算技术,可提高数据分析速度,应对不断增长的作战信息,改善作战规划和决策能力。美国海军一体化战术云旨在提供更快速、全面的战术分析能力,为指挥人员提供有效支撑,降低系统风险。该系统可更好地利用本地和外部数据,为海军战术云平台提供作战优势。

应用了云计算技术的海军一体化战术云,有效提升了数据分析能力,使作战指挥人员脱离了海量数据困扰。此外,一体化战术云还可用于指挥控制扁平化,构建一体化的信息战能力。该系统目前已通过演习测试,重点测试了气象、海洋数据与 ISR 数据的整合、指挥控制信息整合、预警分析、预警、信息共享等方面。

按照计划,美国海军将通过"分布式地面系统 - 海军版增量 2""海上战术指挥与控制""敏捷核心服务层""战术云参考""态势感知可视化分析"等项目,完善海军一体化战术云建设。未来,海军一体化战术云的数据分析能力将得到进一步加强。

3. 美国海军部署反舰"战术云"

5月,美国海军宣布正在搭建用于反舰战的"战术云"。该"战术云"应用云计算技术对获取的卫星、飞机、舰艇、潜艇等平台预警探测信息进行数据融合,以形成对目标的精准判断与定位,在可有效攻击目标的同时,保障己方部队的安全。

该"战术云"创新性的具备了"全领域进攻性反舰能力"。通过"战术云"获取的目标信息将存放在云端,以保证空中、水面、水下平台能够随时获取目标信息,集中火力,实施全领域打击(空射、舰射、潜射)。该项目由海上系统司令部与综合作战系统项目执行办公室负责,同时受海军作战部长办公室的监督管理,目前已完成了传感器数据获取、武器接口、系统控制等测试。

"战术云"的搭建标志着云计算技术军事领域应用已具备了扎实的理论基础,正逐步趋于成熟,将在未来作战中占有不可替代的一席之地。

十一、量子信息技术

量子信息技术是量子物理与信息技术相结合的新兴学科,主要包括量子通信、量子计算和量子测量技术。量子信息技术在确保信息安全、提高运算速度、增大信息容量和提高检测精度等方面具有突破现有信息系统极限的能力,应用前景广阔,是目前颇受关注的前沿技术领域之一。2016 年,量子信息技术领域不断取得重大突破,日趋成熟。量子通信方面,研制各种新型单光子源,推进量子通信实用化进程,俄罗斯推进量子通信网络建立;量子计算方面,量子计算处理器不断取得突破;量子测量方面,美国研制可在室温下工作的新型量子传感器。

(一)量子通信技术

量子通信是利用量子力学的基本原理或特性进行信息传输的一种

通信方式,其信息的载体是微观粒子,如单个光子、原子或自旋电子等,其特点包括无条件的安全性、传输的高效性、纠缠资源可利用性。2016年,一些国家研制各种新型单光子源,促进了量子通信实用化,俄罗斯建立量子通信商用线路。

1. 以色列开发出高效、紧凑型单光子源,解决量子通信工作温度低难题

以色列希伯来大学开发出高效、紧凑型单光子源。该单光子源可在自然环境温度下运行,解决了目前量子通信使用的光子源工作温度低(液氦温度,约 -270℃)的难题。该单光子源包含半导体材料纳米晶体和纳米天线,使用简单的光学探测器便可轻易收集大约40%的光子,光子收集效率比不含纳米天线的光子源提高 20 倍。这项成果解决了目前普通光子源光子定向性差,采集困难的问题,为高纯度,高效率,室温工作的片上单光子源开辟了广阔道路,为紧凑、廉价、高效的量子信息比特源以及未来量子技术应用带来显著的进步。

2. 美国研制纳米光子频率转换器,提高量子通信系统频率转换效率

4 月,美国国家标准与技术研究院(NIST)和马里兰大学联合开发出纳米光子频率转换器。该转换器可实现从 1550 纳米到 980 纳米的升频转换和从 980 纳米到 1550 纳米降频转换,转换效率大于 60%,且能保证信号的高清晰度。量子通信系统生成和存储信息的最佳频率通常远高于信息在 1 千米以内的光纤中传输所需的频率,而量子通信网络要求不同系统产生的光子频率完全相同,十分精确,将单光子从一个频率转到另一个频率的频率转换器是量子通信中的一个重要工具。

3. 俄罗斯启用首条量子通信商用线路

6 月,俄罗斯量子中心启用国内首条量子通信商用线路。这条线路全长 30 千米,两端分别位于俄罗斯天然气工业银行在莫斯科的两栋支行大楼,已于 5 月 31 日首次传送加密信息。在俄罗斯天然气工业银行和教育部的支持下,俄罗斯量子中心从 2014 年开始研究量子通信系统,该项目投资额约为 4.5 亿卢布(约合 4500 万元人民币)。俄罗斯量子通信试验项目的特点是利用普通的城市光纤线路,而不是像瑞士、美国和中国那样为传递加密信息铺设专门的线路。在普通光纤制成的标准电信线路基础上建造量子通信线路至关重要。这意味着,俄罗斯可利用该技术广泛应用于现有网络,无需进行大规模线路改造。刚启用的首条量子通信线路错误率不超过 5%,与城市环境里的光纤线路相比表现很好。

4. 俄罗斯将开启首个量子互联网络试验项目

8 月,俄罗斯首个多节点量子网络项目在鞑靼斯坦启动,该项目由 KNRTU - KAI 量子中心和 ITMO 大学在"Tattelecom"通信网络的基础上研制。该项目为试验项目,其主要任务是进行"实地试验",即进行技术试验、在现有的通信基础设施中安装一体化量子信道装置,以及实施量子网络定标等,它是在现有的城市通信线的基础上研制,可提高信息安全水平,将降低信道的直接攻击和数据信息被盗风险。为实施量子通信网络,正在光纤网络上安装一种专用设备,通过专用设备可进行制作、加密、传输和单量子信号的接收,并以此保护所要传输的信息。在鞑靼斯坦共和国进行的试验项目是以俄罗斯研究人员的已有成果为基础开展的,一套连接两点的设备成本约为 10 万美元,但随着技工艺术和生产的逐步发展,最终的解决方案所需成本将显著降低。目前,多节点网络已在喀山实施,下一步将在鞑靼斯坦共和国境内全面建设。

(二) 量子计算

美国、欧盟在量子计算技术方面取得多项突破:美国马里兰大学研制出 5 量子位可重新编程量子微处理器,大大提高量子计算处理器的计算能力和可编程能力;美国麻省理工学院研制出可更好控制量子位的量子计算原型芯片;美国洛克希德·马丁量子计算中心安装升级版量子计算机;美国能源部国家可再生能源实验室发现,钙钛矿材料在量子计算机领域具有巨大潜力;比利时微电子研究中心将硅平台应用扩展至量子计算。

1. 美国马里兰大学研制出5量子位可重新编程量子微处理器

8月,美国马里兰大学联合量子研究所的研究人员研制出首个可编程并可重新编程的量子计算处理器,该研究成果有望帮助科学家运行大量复杂的仿真程序,并解决传统计算机难以计算的问题,快速得出结果。新研制的量子计算处理器是基于俘获离子的可重配置五量子位处理器,并可向其编制算法程序。该量子计算处理器有望成为基本构建模块,为构建大的可扩展器件铺平道路,其未来目标是利用可以开关的激光脉冲向处理器注入量子算法。

传统数据位只能分别表示0和1,但是量子位可以同时表示0和1,即所谓"叠加",量子计算能够保持叠加逻辑,叠加使量子计算从根本上不同于传统计算机,传统计算机用0和1表示数据,类似于晶体管的开或关,量子计算则利用量子位模仿开或关,这使一个量子位可同时进行两次计算,该属性以及其他的量子效应使得量子计算在执行特定计算时比传统高性能计算快得多。过去许多研究团队开发的小型量子计算器件,多数只能解决某种特定问题,这种新型量子处理器不同,它非常容易编程,对于用传统计算机需要几步才能计算的问题,研究人员在该处理器上利用算法只用单步就能完成运算。该研究团队用他们的系统执行了四种量子算法,演示了控制技术的性能。目前,研究团队正在努力使量子处理器其更加小巧,并将其扩展为拥有更多量子位的处理器。

2. 美国麻省理工学院研制出可更好控制量子位的量子计算原型芯片

8月,美国麻省理工学院研究人员研制出一种原型芯片,能够更好控制量子位。量子计算工作的核心是量子叠加,这存在于互斥状态的粒子当中,如微观粒子的顺时针自旋和逆时针自旋,这些粒子就可以作为量子位,在具体应用时,离子可能是最好的选择,然而离子需要大型复杂的仪器才能工作。为了准备离子,必须先设置好陷阱,用电极当做闸条,使陷阱顺利工作。麻省理工学院研究人员解决了如何控制离子的难题,他们将电极覆盖住表面,使离子略微高出表面一些。在理论上,表面陷阱可以无限扩展。在表面陷阱中,离子以 5 微米间距被分开,而用激光打中其中一个预设的目标是很难的,为此,研究人员在电极下面铺上一层玻璃和氮化硅波导网络,电极下面的洞就是波导中的衍射光栅,向上照射光,光就会进入空洞,击中离子,从而产生更多的量子位。该研究的下一步将有望向衍射光栅添加光调制器。这将使控制每个离子量子位吸收多少光成为可能,从而使对量子芯片编程更加容易。

3. 洛克希德·马丁量子计算中心安装升级版量子计算机

8 月,由美国洛克希德·马丁公司资助的量子计算中心安装了一台升级版的量子计算机,将用来加速开发支撑人工智能应用的机器学习算法。由该量子计算中心资助的 D – wave 2X 处理器升级把系统容量提升了一倍,达到 1098 量子位。升级版系统代表了第三代量子计算机的先驱——D – Wave 系统公司的"量子退火"(Quantum Annealing,QA)处理器,通过将量子位从其叠加状态"调整"到经典状态来解决问题。自 2011 年以来,该计算中心一直致力于验证 D – Wave 公司的量子计算机,下一步将验证超越传统高性能计算机的"量子增强",这也许是一个"可能并终将实现"的目标。量子计算还能够帮助解决人工智能问题,这将引导更强大的认知计算技术。

4. 美国钙钛矿材料研究为量子计算研究开辟新技术途径

9 月,美国能源部国家可再生能源实验室(NREL)发现,钙钛矿材料在量子计算机领域具有巨大潜力。研究人员在探索钙钛矿中的激子时偶然发现了这一特性。他们使用经特别调整后的短激光脉冲照射样本,以避免激光脉冲被样本完全吸收。之后,照射面的钙钛矿与光产生了强烈反应,生成了一种转变能,这种现象称为光学斯塔克效应。这种现象往往发生在半导体中,但通常只有在使用优质高成本材料时,且在极低温环境下才能够观察到。而在该试验中,研究人员使用溶液法,在室温环境下轻易观察到了这种效应。光学斯塔克效应可用于控制或处理独立的自旋状态,满足基于自旋的量子计算需求。但是,研究人员仍需进行更多的研究来证明自旋状态的可控性。

5. 比利时将硅平台用于量子计算

欧洲研究机构比利时微电子研究中心已为硅 5 纳米制造节点做准备,并将其转向量子计算。量子计算所需的基本建造块可用硅制成,具有更容易将传统硅设备和外部世界集成的优势。该机构研究人员计划在最先进的晶体管技术和新兴的量子计算之间建立桥梁,作为硅平台的自然扩展,对其量子技术合作研究项目涉及的大学、小企业和工业合作伙伴是开放的。量子效应正在成为开发量子平台的起点,因此相同的平台是实施量子器件的理想基础。

(三)量子测量

量子测量是利用量子纠缠对某个物理量进行更高精度测量的方法和技术,目前的研究热点主要集中于量子雷达、量子传感等领域。2016年,美国在量子传感及成像方面取得重要进展,加州大学圣塔芭芭拉分校量子传感和成像研究团队研制出一种利用原子来捕捉纳米材料的高分辨率图像的量子传感器,该量子传感器不仅能够在低温下工作,在室温下也可工作,这使得它非常灵活、独特,能够用于研究各种材料的相变。该量子传感器把氮空位缺陷置于量子叠加态,通过叠加的不确定性实现了测量。此外,由于该量子传感器包括一个单一的原子,其具有出色的空间分辨率。

十二、大数据技术

2016年,大数据技术整体发展迅速。美国发布大数据报告,对大数据计划进展进行年度回顾与展望;大数据核心技术取得突破,XDATA项目实现大数据可视化;国防企业继续推动大数据在研发中的应用。

（一）美国发布大数据报告，总结技术挑战，展望未来发展

5 月，美国白宫发布《大数据报告：算法系统、机会与公民权利》，提出了目前技术方向的两大挑战，一是算法的数据输入，二是算法系统和机器学习的设计。该大数据报告是 2012 年美国白宫颁布"大数据研究和发展计划"后的年度性总结与展望，是继 2014 年、2015 年白宫两次大数据白皮书后的第三次报告。

与此同时，在过去的 4 年中，美国国家科学基金会、国家卫生研究院、能源部、国防部、地质勘探局等部门初期每年投入 2 亿多美元专项资金，用于大数据技术研发。美国国家科学基金会、能源部等政府部门大数据计划主要是对本部门长期产生、积累的数据进行处理和分析，促进知识创新和科学发现。美国国防部通过"数据决策计划"、"先期技术与工具开发计划"以及"数据扩展计划"，全面发展大数据的获取、处理、分析、识别等技术，重点突破数据分析技术，以期提升战场态势数据的感知、获取和分析能力，从海量数据中提取高价值情报，实现自主决策。"先期技术与工具开发计划"涉及数据处理、数据分析、数据监测、数据安全等方面的具体技术，主要通过人工智能、视觉智能技术的研发改变信息萃取和知识提炼方式，通过辅助图像分析、集成人机推理技术的研发加强信息分析能力。"数据扩展计划"为期 4 年，共计 1 亿美元，开发能够分析海量半结构化数据和非结构化数据的计算技术和软件工具，涉及可扩展的数据分析与处理技术、可视用户界面技术等，最终将开发可扩展的算法，用于处理分布式数据库中的不规则数据；创建有效的人机交互工具，用于支持面向各种处理任务的快速可定制分析。

未来，大数据技术将着重发展强大的数据伦理框架、推动算法审计和大数据系统外部测试的学术研究和产业发展，促进政府与企业的相关合作。

（二）大数据核心技术快速发展，多方面取得进展

近年来，大数据核心技术一直处于快速发展阶段。2016 年，大数据处理技术、存储技术,以及可视化方面,都取得了重大进展。

1. Hadoop 技术推出 3.0 版本,加速海量数据处理

9 月,Hadoop 技术推出 3.0 测试版本,大幅提升存储效率,有效加速海量数据处理。Hadoop 技术是一种并行计算技术,能够很好地处理半结构化和分结构化数据,因此在大数据平台上得到广泛应用。其最早出现于 2005 年秋,由阿帕奇软件基金会研发。2006 年 3 月,在吸收了部分谷歌实验室所研发的 MapReduce 和 Nutch 分布式文件系统技术之后,该技术成熟度得到了进一步的提升。2012 年,云计算基础设施公司 GoGrid 与 Cloudera 合作,加速了企业采纳基于 Hadoop 技术的大数据平台应用的步伐。同年,数据安全公司 Dataguise 推出可增强 Hadoop 处理数据安全的软件,进一步推动了 Hadoop 技术的普及。

目前,基于 Hadoop 技术的大数据平台已经实现 1 秒内处理 1 千万亿字节数据。用户可以轻松地在 Hadoop 上开发和运行处理海量数据的应用程序。它主要有以下几个优点:

一是高可靠性。Hadoop 技术按位存储和处理数据的能力值得人们信赖。二是高扩展性。Hadoop 技术是在可用的计算机集簇间分配数据并完成计算任务的,这些集簇可以方便地扩展到数以千计的节点中。三是高效性。Hadoop 技术能够在节点之间动态地移动数据,并保证各个节点的动态平衡,因此处理速度非常快。四是高容错性。Hadoop 技术能够自动保存数据的多个副本,并且能够自动将失败的任务重新分配。五是低成本。与一体机、商用数据仓库以及 QlikView、Yonghong Z‑Suite 等数据集市相比,Hadoop 技术是开源的,项目的软件成本因此会大大降低。

2. 非关系型数据库日趋占据市场主导地位

4 月,高德纳咨询公司发布的报告中称,非关系型数据库(NoSQL)已在微软、甲骨文、IBM 公司占据主导地位。NoSQL 拥有很好的并行处理能力,支持半结构化和非结构化数据快速读写,作为底层技术还能很好地支撑 Hadoop 技术。与此同时,NoSQL 还具备很强的水平扩展性,可实现快速连接多个软硬件,以及对多个服务器一体化支撑的功能,轻松应对非结构化数据超大规模并发。目前,NoSQL 型数据库已大规模投入使用。与主流的数据库相比,NoSQL 在处理大数据时的成本更低,未来将广泛应用于大数据中心数据存储。

3. XDATA 实现大数据可视化

5 月,DARPA 对外演示了 XDATA 计划的最新成果,大数据可视化,以更直接的方式展示数据分析结果。XDATA 计划启动于 2012 年底,开发相关计算机技术和软件工具,更有效地融合、分析、分发海量数据。按照计划,XDATA 计划将开发对不完善和不完整数据进行处理和可视化的可扩展性算法;为满足多种需求,XDATA 计划还将开发人机交互工具。为使研究成果得到广泛应用,DARPA 还将公开开源软件包,借此加强应用数学、计算机科学、数据可视化等领域的结合。

为推动 XDATA 计划的开展,DARPA 陆续与多家公司、学校签订了研发合同。DARPA 与 Kitware 数据可视化软件公司签订价值 400 万美元合同。Kitware 公司将与一些高校共同完成开源数据的内容挑选、分析、归纳、查询和可视化软件工具包。随后,DARPA 与乔治亚理工学院签订价值 270 万美元合同。乔治亚理工学院将进行机器学习技术与分布式计算架构的研究,致力于研发快速处理数据分析的算法。同时,信息系统公司也将在 DARPA 的资助下进行新机器学习软件研发。此外,DARPA 与 SYSTAP 数据库开发软件资讯公司签订价值 200 万美元合同。SYSTAP 公司将致力于研发可应用于图像分析的 GPU 计算集群。在过去 4 年中,这几家公司、学校一直在共同推进收集、存储、压缩、管理、分析及共享海量数字化数据的前沿核心技术发展。

(三) 国防企业继续推动大数据在研发中的应用

2016 年,美国国防企业也在继续推动大数据在武器装备研发中的应用。以雷神公司、通用电气为代表的国防企业也已为其生产线安装了名为工厂制造执行系统(Manufacturing Execution System, MES)的软件,收集和分析工厂底层数据用于解决生产安全和质量问题。美国国防企业越来越专注于数据,主要源自三方面的动力:一是客户要求消灭瑕疵;二是股东要求降低生产成本削减支出;三是监管部门要求企业收集更多的数据来追踪安全问题。与此同时,计算机、扫描仪和其他硬件的成本下降,存储和转移数据的技术得到不断的改善,进一步促进了国防企业发展数据收集。

此外,美国国防项目对大数据技术需求旺盛。Exelis 公司地理空间情报部副总裁理查德·库克表示,其所属公司已经帮助许多国防项目解决过一些数据过剩的问题。库克说,"在重要数据处理的过程中,曾经遇到过许多类似的大数据问题,特别是针对数据的种类和数量。目前,美国国防部存在专业数据分析人员不足的问题,缺乏对现有的所有信息进行分析总结的能力。为此,美国国防部将注意力从数据管理转移到尽可能多的有效提取有用信息上。目前,Exelis 公司现有系统已经具备处理和管理这些数据的能力。但仍存在许多问题需要解决,下一个挑战是创建软件工具来更好地分析和挖掘数据,增强军事用户的任务规划和情报收集提取能力。"

十三、人工智能技术

人工智能技术是研究、开发用于模拟、延伸和拓展人类智能的一门技术科学,它涉及心理学、认知科学、思维科学、信息科学、系统科学和生物科学等多学科。2016 年,各国也在人工智能方面进行积极布局,大力推动人工智能研究和技术发展,人工智能在机器学习、语音识别、人工智能器件方面不断取得突破,在网络安全、军事、医疗等方面应用也不断加大。

(一)各国积极谋划人工智能未来发展

1. 美国发布多份报告顶层规划人工智能未来发展

10 月,美国白宫发布《国家人工智能研究与开发战略规划》,明确了美国人工智能未来发展7大战略方向,这是美国首次在国家层面发布人工智能发展战略,旨在顶层推动人工智能研发,增强人工智能在经济、社会、国家安全等领域发挥的作用。7大战略方向分别为:一是通过长期投资推动关键技术研发;二是开发有效的人机协作方法;三是建设人工智能公共数据集和测试环境;四是建立人工智能标准与测评基准体系;五是确保人工智能系统安全性与可控性;六是理解人工智能在伦理、法律和社会方面的影响;七是制定人工智能人才发展规划。

同时,白宫还发布了《为人工智能的未来做好准备》报告,提出了落实《国家人工智能研究与开发战略规划》的具体措施,主要包括:一是政府应支持高风险、高回报的人工智能研究及应用,促进政府与民间机构的合作与协调发展。二是鼓励民间机构利用人工智能技术为公共事业造福,建立人工智能公开培训数据集和公开数据标准体系。三是从加强监控、完善框架、重视人才培养等方面保证人工智能长期发展。四是加强人工智能风险监管,加速自动驾驶汽车、无人机等新兴人工智能产品有序、安全地融入社会。五是重视人工智能产生的经济政策问题、社会问题、安全可控问题,及时提出相应对策。六是加强国际合作,利用人工智能提升网络安全,制定人工智能武器系统的使用规范。

12月,白宫发布《人工智能、自动化和经济》报告,该报告是《为人工智能的未来做好准备》报告的跟进和补充,报告提出决策者应为5方面主要经济影响做好准备:一是对总生产率增长的积极影响;二是就业市场的需求技能发生变化,特别是对更高层次技术技能的需求加大;三是人工智能对不同行业、薪资水平、教育水平、工作类型、不同区域的影响不均衡;四是工作岗位变化对劳动力市场的影响;五是人工智能带来的失业问题。报告还提出了应对人工智能带来的自动化对美国经济影响的三个主要策略:一是根据人工智能优势进行针对性投资开发;二是针对未来的新兴工作类型提供教育和培训;三是为工作转型的劳动者提供帮助,确保其在经济增长中受益。

2. 英国政府发布人工智能报告

3月,英国政府通过调查研究机器人和人工智能的潜在价值、人工智能带来的潜在问题及其需要预防和监管的方面。11月9日,英国政府发布《人工智能:未来决策制定的基于与影响》报告,阐述了人工智能未来发展对英国社会和政府的影响,论述了如何利用英国人工智能的独特优势,增强综合国力。报告分别阐述了人工智能对经济与社会影响、道德与法律问题、资助创新问题。报告指出,英国政府需重视人工智能带来的改变和转型,调整现有教育与培训系统,尽快发布数字战略,对未来劳动力进行数字技能培训,以应对数字技能危机。道德与法律问题应得到充分重视,确保不断研发对社会有益的具体技术,最大程度发挥该技术的潜在社会利益,并降低潜在风险。在研究、资助与创新方面,英国政府早在2013年就将机器人和人工智能系统(RAS)列入英国8大技术,报告提出,政府应尽快制定人工智能发展与投资战略,创建RAS领导委员会,明确政府目标、财政支持等细节。

(二)人工智能技术不断取得进步

2016年,人工智能技术取得多项突破。机器学习方面不断取得突破性进展,话音识别技术实现历史性突破,新型人工智能器件不断涌现,为人工智能系统提供硬件支撑,人工智能的应用范围也逐渐扩大。

1. 机器学习突破性进展

1)谷歌AlphaGo击败世界围棋冠军

3月,谷歌AlphaGo以4:1成绩击败世界围棋冠军李世石,取得人工智能里程碑式的胜利。其主要工作原理是"深度学习",深度学习是指建立多层的人工神经网络并训练该网络的一种方法。一层神经网络会把大量矩阵数字作为输入,通过非线性激活方法取权重,再产生另一个数据集合作为输出,像生物神经大脑的工作机理一样,通过合适的矩阵数量,多层组织连接一起,形成神经网络,从而进行精准复杂处理。

2）谷歌多语言神经机器翻译系统

9月，谷歌公司宣布神经机器翻译系统（GNMT）实现了机器翻译领域的重大突破，神经机器翻译是一种用于自动翻译的端到端的学习方法，有望克服传统基于短语的翻译系统的缺点，使用当前最先进的训练技术，实现了机器翻译质量的最大提升，相比于谷歌已经投入生产的基于短语的系统翻译误差平均降低了60%。

3）机器挑战实时战争游戏

11月，谷歌公司DeepMind团队宣布，将利用"星际争霸"游戏训练人工智能，让第三方能够在DeepMind平台上教人工智能机器玩实时战争游戏"星际争霸"，由于游戏中的信息是不完整的、动态的，机器需要学习在更长的时间范围内规划和适应游戏规则，这对于机器而言，比挑战围棋更复杂，通过对这一游戏的学习，人工智能机器解决问题能力将进一步提升，速度更快、效率更高。

4）谷歌公司展示新版人工智能张量流开源系统模型

9月22日，谷歌公司宣布最新版本的图像捕获系统已可作为张量流①（TensorFlow）开源模型。其人工智能最近的进步包括图像捕获系统的计算机视觉部分的显著改善，训练速度更快，而且能够产生更详细、更准确的描述。"展示与讲述"算法识别图像中目标的准确率可以达到93.9%，这是非常大的进步，两年前，图像识别的正确率只有89.6%。谷歌公司目前的工具正在努力描述目标而不只是将其简单的分类。

5）DARPA寻求"机器学习"数学理论框架

5月12日，DARPA国防科学办公室发布"机器学习基本边界②"（Fun LoL）计划信息征询书（RFI），寻求一种研究和表征"机器学习"技

---

① 张量流（TensorFlow）是谷歌基于DisBelief进行研发的第二代人工智能学习系统，张量（Tensor）意味着N维数组，流（Flow）意味着基于数据流图的计算，张量流为张量从流图的一端流动到另一端的计算过程，可用于语音识别、机器识别等多项机器学习领域。
② 基本边界，指独立于特定学习方法或算法，可实现的性能边界。

世界军事电子发展

术基本边界的数学理论框架。该计划旨在利用该数学框架、体系和方法来实现"机器学习"技术领域的突破，提高"机器学习"的效率，促进人机系统的发展。

"机器学习"是人工智能的核心，是复杂的智能活动。通常在预防复杂威胁时，需要机器具备快速适应和学习能力，而当前"机器学习"技术通常依赖于大量的训练数据、庞大的计算资源、极度费时的试验及误差算法，并且程序通用性较差。在解决特定问题时，很难确定"机器学习"基本边界及其边界性能，例如无法确定某学习方法的效率、实际性能和理论性能的差距，这将导致机器不能利用已学习的内容解决相关问题或学习更复杂的概念。Fun LoL 计划的目标是确立一种研究和表征"机器学习"基本边界的数学理论框架，以提高"机器学习"系统的效率，降低"机器学习"成本，主要包括通用理论和理论应用两个研究领域，并将从"机器学习基本边界"数学理论框架的开发、验证和应用三个方面来进行研究。

2. 话音识别技术取得进步

话音识别一直是国外许多科技公司重点发展的技术之一。10 月，微软公司宣布话音识别实现了历史性突破，词错率仅 5.9%，英语的语音转录达到专业语录员水平，在执行会话型话音任务时，自动识别首次能够与人类比肩。这套系统使用卷积神经网络和递归神经网络接受了2000 小时的数据训练。

3. 人工智能器件发展

1）首个人工相变神经元问世

8 月，美国 IBM 公司苏黎世研究中心制造出世界首个纳米级人工相变神经元，IBM 公司已经构建了 500 个该神经元组成的阵列，并使该阵列以模拟人类大脑（神经）的方式进行信号处理，该相变神经元可用于制造高密度、低功耗的认知学习芯片，为实现人工智能的底层硬件奠定了基石。

2）首个光电子神经网络问世

11 月，普林斯顿大学研究人员宣布研发出世界首个光电子神经网络芯片,将硬件处理速度提升至少 3 个数量级。光学计算具有广阔发展前景,在带宽方面,光子远远高于电子,因此可以更快地处理更多的数据,但光学数据处理系统成本极高,因此未被广泛采用,神经网络为光子学计算机开辟了新的机会。利用硅光子平台的光子神经网络可以获得用于无线电、控制和科学计算的超快速信息处理的能力。其核心技术是,在每个节点制造出与神经元具有相同响应特性的光学装置。普林斯顿大学研究人员研制的光电子神经网络芯片,可利用多样化的神经网络类型来极大地扩展编程技术。光子神经网络芯片的有效硬件加速因子为"1960 ×",与普通中央处理单元相比,提高了 3 个量级。

3)日本首次演示基于自旋电子学的人工智能技术

12 月,日本东北大学宣布,完成世界首次基于自旋电子学的人工智能技术基本运行演示。研究团队利用由微尺度磁性材料构成的自旋电子器件,开发了一种人工神经网络,测试了传统电脑不易实现的联想记忆操作,证实了自旋电子器件能够实现人脑中突触完成的学习能力,使神经网络能够像人类大脑一样建立联想记忆模型。此举可使结构紧凑的单个固态器件同时满足快速处理和低功耗的要求,更加贴近人脑特征,这些功能可使人工智能技术实现更广泛的社会应用,例如图像/话音识别、可穿戴终端、传感器网络和护理机器人。

(三)人工智能应用

1. 人工智能网络安全应用

1)利用人工智能方法进行恶意软件相似性分析

2016 年,美国 Invincea 公司实验室开发了一种利用深度神经网络绘制恶意软件基因组的恶意软件相似性分析方法。近年来,网络防御人员已经开始开发恶意软件代码共享识别工具。然而,这些代码共享识别系统难以维护、应用并适应不断变化的威胁。为了解决这些问题,研究团队开发了一种新的恶意软件相似性检测方法,此方法,不仅能够显著减少手动调整相似性公式的需求,而且允许非常小的部署,并且能显著提高准确度。

该恶意软件相似性检测系统是首次将深度神经网络用于代码共享识别,将自动学习识别敌方的信息,从而保持与敌方威胁变化的同步。利用传统字符串相似特征,新的检测方法将准确度从 65% 提高到了 75%。利用专门设计了恶意软件分类的先进特征集,新的检测方法准确度达到了 98%。利用该软件,通过对 80 万个样本进行了 30 天的测试,得出两点结论:一是采用有监督式的学习方法可优化现有现有恶意软件相似性检测系统的功能,二是是自动调整(或再调整)将会提高检测速率,节省成本。

2)利用人工智能工具防护数据渗漏

在 8 月黑帽大会上,Cylance 公司研究人员公布了三种用于防护数据泄露的人工智能工具。

第一种工具为马尔科夫模糊处理工具。利用马尔科夫链,可以采用简单的机器学习方法表征序列数据,学习状态转化模型,并由此创建从训练数据中学习到的转化模型的序列。

第二种工具为网络映射器(NMAP)聚类。网络映射器是一种流行的端口扫描工具,每个 IP 地址可以产生大量的数据,但是从扫描的大量 IP 地址中理解其中的意义是很难的,NMAP 聚类则是一种能够使众多 IP 地址根据开放端口、服务或其他属性聚类(组)的工具。聚类一般为无监督学习。

第三种工具为网页识别,由于僵尸网络页面难以分辨,因此可以训练一种模型,利用很小量的请求来识别是否正在浏览一个僵尸网络页面,并判断其类型。此外,该工具还会使请求数量最小化,以提高分辨效率和分辨速率。

2. 人工智能军事应用

1)美国陆军在演习中测试两款战场机器人

在 2016 年夏威夷贝洛斯海军陆战队训练区域举办的 PACMAN - I 演习中,美国陆军测试了两种无人系统,一种是 PD - 100 袖珍无人飞行系统(UAS),另一种为多用途无人战术运输车(MUTT)。

PD－100 袖珍无人飞行系统由内蒂克士兵研究发展与工程中心研制,研究基于 PD－100"黑黄蜂"(Black Hornet)无人机,列于CP－ISR微型无人机项目下。该装备旨在赋予士兵微型情报、监视与侦察(ISR)的能力,以往习惯于使用更大的系统,但是在某些限定条件下,大型无人飞行系统可能无法工作,例如在茂密的树林中、建筑物内部或者在密集的村落区域。发展战场机器人的目的不仅是要提高战场性能,而且要辅助救援工作。例如在灾区执行侦察任务时,可以使用小型无人系统,但不是寻找某个射击目标,而是努力寻找待营救人员。

MUTT 由美国通用动力公司研制,是一款四轮车,在负重 600 磅(约 272 千克)时,能够在斜坡、沙地、泥土和水中行驶。此外,MUTT 的静音功能是其在战场中使用的一大优势(噪声是美国陆军和海军陆战队放弃声音很大的"机械骡子"(Pack Mule)机器人的原因之一)。MUTT 非常易于操作,它有两种不同的控制方式,一种为单手遥控,一种为利用电子显示屏幕控制。

美国陆军希望以最快的速度将人工智能新技术投入战场,为士兵服务。

2)DARPA 寻求可解释人工智能

8 月,DARPA 发布"可解释的人工智能"(Explainable Artificial Intelligence,XAI)广泛机构公告,寻求创建一种工具,允许人类在信息接收端或从人工智能机器中的决策中理解该机器的推理过程。尽管人工智能在军事应用方面存在巨大潜能,但美国国防部同时也明确了人工智能当前具有很多限制因素——虽然处理信息时机器比人处理的信息量更大、处理速度更快,但是机器毕竟不能像人一样思考。人工智能机器需要解释其自身的思考过程。在最近的一些研究中,采用了新的技术手段,例如复杂算法、概率图模型、深度学习神经网络,以及其他已经验证过更有效的方法,但是由于这些方法基于机器自身内部的表述,缺乏可解释性。DARPA 目的是帮助创建新一代人工智能机器,可向依赖这些机器的人类用户解释其学习所基于的推理过程,增强人机系统之间的互信性。

美国国防部已将人机合作作为其"第三次抵消战略"的重要部分,旨在帮助国防部在非对称威胁不断变化的过程中保持优势。与人机合作概念相关的项目包括空中和海上所有的自主系统。自主系统的核心是对人工智能机器系统的决策能力的信任,相应地也对人工智能系统的解释能力具有较高要求。

该项目将会在2017年5月启动,周期为4年。

3)DARPA寻求利用人工智能技术实现频谱共享

2016年3月,DARPA宣布了"频谱协同挑战"竞赛,目的是利用新兴的机器学习工具,开发能够实时适应拥挤频谱的智能系统,提高整体无线信号传输。7月正式启动"频谱协同挑战赛",旨在寻求利用新兴的机器学习等人工智能技术,开发能够实时适应拥挤频谱的智能无线电系统,使无线电系统可根据频谱环境及其变化做出实时调整,改善无线电系统整体信号传输性能,提高无线电频谱的使用效率。随着军事领域越来越多的无线电系统(如战术无线电台)协同任务与日俱增,提高无线电系统实时频谱共享能力迫在眉睫,灵活的无线频谱共享能力将随着更多越来越多的无人系统平台的部署得到增强。同时,由于美国国防部将于2020年开放500兆赫兹频谱用于商用,提高频谱使用效率变得更加紧迫。人工智能频谱共享技术可提高通信系统、雷达及电子战系统的频谱使用效率,提升无线电系统实时频谱共享能力,解决频谱资源日益紧张的问题。

3. 人工智能医疗应用

人工智能在医疗领域取得了重大进步。IBM超级电脑"沃森"在日本诊断了一位之前被漏诊的白血病女患者,从统计学上看,这种情况出现的概率约为三分之一,"沃森"建议再次诊断。此外,德克萨斯州休斯顿卫理公会研究所的一个人工智能程序对数百万X光片进行了评估,评估速度比人类速度快30倍,且癌症诊断的准确率高达99%。

工业篇

鉴于军事电子装备与技术在现代化战争中的重要性日益提升,近年来,军事电子工业发展备受各国关注。2016 年,世界军事电子工业总体延续了 2015 年的快速发展态势。政策环境方面,美欧均发布了指导电子技术研发的战略计划,俄罗斯发布《俄联邦信息安全学说》,英国发布新版五年期国家网络安全战略,日本发布军事技术发展战略和规划,世界军事电子工业发展所面临的政策环境总体利好。管理体制方面,美国优化高性能计算技术、量子技术研发组织管理体系,旨在提升电子技术研发效果;俄罗斯积极谋划成立新的管理机构,包括无线电电子工业领域企业发展专家委员会和优先科技发展方向委员会等,优化工业与科技管理;英国采取措施,着力提升网络安全管理能力。预算投资方面,美欧日继续为网络空间、指挥控制与信息通信,以及前沿电子技术发展提供稳定的资金保障。企业并购重组方面,2016 年国外重点国防企业基于电子业务的并购重组活动十分频繁,基于网络安全业务的并购重组活动,以及电子元器件企业的兼并重组活动是 2016 年的并购热点。国际合作方面,2016 年日本、俄罗斯、英国都在积极推动国家层面的国际合作,国防企业也积极开展跨国合作研发等。军事电子市场方面,未来 5 年,全球各主要军事电子产品市场仍将延续增长态势。

一、政策环境

近年来,美国、俄罗斯、欧洲、日本等国家和地区均通过战略与政策制定,直接指导或间接引导军事电子工业发展。2016 年,世界军事电子工业发展所面临的政策环境总体利好,十分利于军事电子各领域的快速发展。

美国方面,近年来,美国不断出台战略政策,引导军事电子技术与工业发展。2016 年 1 月,美国众议院军事力量委员会提出 2016 年计划纲要,将网络空间作为重点关注领域,并且提出"美国网络空间领域实现有效作战所需要解决的最主要问题是组织和人员而非技术"。为此,众议院军事力量委员会将推动解决网络空间领域有关人员、组织和交战规则等方面的问题。2月，美国国家科学技术委员会（NSTC）发布了《联邦网络安全研发战略计划》，该计划是美国联邦机构资助开展网络安全领域研发工作的总体指导方针，提出了美国网络安全研发活动的短、中、长期目标，着力提升针对恶意网络行为的威慑、防护、探测与适应能力。该计划将有助于美国保持网络安全技术研发优势，为实现其"网络威慑"战略目标奠定技术基础。7月，美国国家战略计算规划执行委员会发布《国家战略计算规划战略计划》，对2015年发布的《国家战略计算规划》中提出的高性能计算发展5大战略目标的实现路径进行了明确。由此可见，军事电子技术是美国现行战略政策、规划计划的关注重点，在相关政策影响下，美国军事电子技术与装备发展十分迅速，也形成了基础雄厚的军事电子工业。

俄罗斯方面，俄罗斯在新形势下对《信息安全学说》的重新编制等，将为俄罗斯军事电子发展创造新的契机。2015年4月，俄罗斯联邦安全委员会开始编制新版《信息安全学说》，以代替2000年版本。2016年7月，俄罗斯联邦安全委员会发布新版《俄联邦信息安全学说》（草案），12月，俄罗斯总统普京正式签发《俄联邦信息安全学说》。作为俄罗斯在保障国家信息安全领域的政策基础，新版学说明确了俄信息安全保障领域的战略目标，提出要"尽可能降低因信息产业和电子工业发展不足对国家安全造成的影响"，并将"支持俄信息安全体系和信息产业创新、快速发展"。在新版学说的引导下，俄罗斯电子信息产业将迎来新的发展契机。

欧洲方面，2016年5月，欧盟委员会发布《量子宣言》，提出了量子技术短期、中期和长期研发目标，力图汇集欧盟及其成员国的优势，推动量子通信、量子计算机等领域量子技术的发展，确立欧洲在量子技术和产业方面的领先优势。欧洲优势领域微/纳电子方面，2013—2014年，欧洲密集发布指导微/纳电子产业发展的战略、路线图及实施计划，这些战略计划是2020年前欧盟促进微/纳电子产业发展的指导性政策。2016年，欧洲微/纳电子产业继续在上述战略政策的引导下，谋求在关键与核心技术领域研发能力的提升。此外，英国于2016年11月发布《国家网络安全战略2016—2021》，这是英国继2011年之后第二次发布网络安全战略。该战略确定了英国未来5年的网络安全愿景，提出了为实现该愿景英国将努力达成的三大目标，同时也规划了为实现三大目标英国将采取的主要措施。

日本方面，近两年，日本通过修宪、解禁"武器出口三原则"等系列措施试图增强其军事实力，这为日本原本就具有较强实力的军事电子工业的发展创造了新条件。2016年8月，日本防卫省发布《防卫技术战略》及与之相配套的《中长期技术规划》，明确了未来20年日本在18个领域的军事技术发展方向，情报感知、电子攻防、网络空间、指挥通信等电子技术均列入其中。与此同时，《中长期技术规划》还提出了推进民转军的两用技术重点领域，将大力推进大容量高速通信、量子加密、量子传感器、微机电系统、脑科学、人工智能等两用电子技术的民转军。《中长期技术规划》特别重视发展能够改变游戏规则的先进技术，提出了无人技术、智能与网络技术、定向能武器技术、现有装备的技术改进等4个重点领域。其中，在智能与网络技术方面，将发展快速处理海量情报数据的人工智能技术，以及能够应对网络攻击的广域分散情报通信系统技术，提升态势感知、情报共享、电子攻防、指控控制能力。

二、管理体制机制

2016年，美、俄、英等主要国家国防管理体制机制均有新的调整变化，直接或间接影响着各国军事电子工业的管理与发展。美国方面，美国通过优化高性能计算技术、量子技术等研发组织管理体系，提升研发效果；在商务部新设多家机构，加强网络安全建设顶层咨询与指导能力；进一步重申战略能力办公室职能，明确该办公室的主要工作途径和工作模式。俄罗斯方面，俄罗斯正在积极谋划成立新的委员会，包括无线电电子工业领域企业发展专家委员会和优先科技发展方向委员会等,旨在优化工业与科技管理。英国方面,英国通过明确政府机构职能和新建网络安全中心等措施,继续着力提升网络安全管理能力。

(一)美国优化研发组织管理体系,提升电子技术研发效果

1. 美国明确高性能计算组织管理体系

美国在 2016 年 7 月发布的《国家战略计算规划战略计划》中明确了高性能计算能力发展的四层管理体系。这与过去由国防部、能源部等单个政府机构独立推动高性能计算发展的组织方式不同,美国构建了任务分工明确的四层管理体系,强调利用举国力量发展高性能计算技术与能力,整体性和系统性更强。四层管理架构由问责与协调机构、领导机构、基础性研究机构、部署机构构成。

一是问责与协调机构,即国家战略计算规划执行委员会。该委员会由白宫科技政策办公室主任和政府管理预算办公室主任担任联合主席,主要负责确保各个联邦政府的高性能计算工作与"国家战略计算规划"保持一致。

二是领导机构,包括能源部、国防部、国家科学基金会。领导机构主要负责开发和交付下一代高性能计算能力,在软硬件的研发中提供相互支持,以及为战略目标的实现开发所需人力资源。其中,能源部科学办公室和能源部国家核安全管理局将联合实施由高性能 E 级(10^{18}次/秒,每秒百亿亿次浮点运算)计算支持的先进仿真项目,以支持能源部的任务;国家科学基金会将继续在科学发现、用于科学发现的高性能计算生态系统,以及人力资源开发等领域扮演核心角色;国防部将侧重数据分析计算,从而对其任务提供支持。各领导机构还将与基础性研发机构、部署机构开展合作,以支持国家战略计算规划既定目标,同时满足美国联邦政府广泛的各种实际需求。

三是基础性研发机构,包括情报先期研究计划局、国家标准与技术研究院。基础性研发机构主要负责基础性科学发现工作,以及支持战略目

标实现所必要的工程技术改进。其中,情报高级研究计划局主要负责研发未来计算范式,为当前的标准半导体计算技术提供备选方案;国家标准与技术研究院主要负责推动计量科学的发展,为未来计算技术提供支持。基础性研发机构将与部署机构密切协调,从而保障研发成果的有效转化。

四是部署机构,包括国家航空航天局、联邦调查局、国立卫生研究院、国土安全部、国家海洋与大气管理局。部署机构负责确定以实际任务为基础的高性能计算需求,以及向私营部门及学术界征询关于高性能计算的有关需求,从而对新型高性能计算系统的早期设计产生影响。

2. 美建议打破当前量子技术研发机构界限

美国国家科学技术委员会、科学分委会与国土与国家安全分委会联合在 2016 年 7 月发布的《美国在推进量子信息科学上面临的机遇与挑战》报告中指出,打破量子技术研发机构间的界限,是推动量子技术发展的重中之重。

报告指出,美国当前从事量子信息科学的大多数研究机构间的界限十分明显,例如,国家科学基金会所辖的各部门分别对不同大学院系的量子信息科学相关研究进行资助。当前这种相互割裂的研发体系不利于未来量子技术的快速发展。报告认为,未来在量子信息科学研发的关键阶段中,须各研发机构超越组织界限,通过开展更多合作,才能加快量子信息科学研究步伐,共同推动量子技术发展。因此,报告建议,美国必须打破当前量子技术研发机构间的界限,设立能为不同研发团队提供资金支持的联邦项目,鼓励大学组建能够超越院系界限、促进人员合作的量子技术研究中心或研究所,同时也鼓励大学与政府和基金会间建立伙伴关系,通过合作研究,加速量子信息科学进步。

(二)美国新设多家机构,加强网络安全建设顶层咨询与指导能力

2016 年,美国新设立多家机构,着力提升美国网络安全建设顶层咨询与指导能力。2 月,美国公布"网络安全国家行动计划"时宣布在商务部成立"国家网络安全促进委员会"和"国家网络安全促进委员会"。前者成员由网络安全、网络管理、信息通信、数字媒体、数字经济、执法等领域权威专家组成,针对关键信息基础设施管理、系统与数据防护、物联网与云计算安全、教育培训、投资等议题,提出未来10年发展指导性建议及措施。后者主要负责指导政府机构与企业在网络空间安全关键技术的研发与部署方面开展合作。除了在商务部设立上述两个机构,"网络安全国家行动计划"还提出由国土安全部、商务部、能源部共同推进"国家网络空间安全弹性中心"建设,评估企业网络安全系统安全性,指导其改进完善。

(三)美国国防部进一步明确战略能力办公室的机构职能

美国战略能力办公室成立于2012年,该办公室主管威尔·罗珀在2016年4月举行的一次会议上重申了战略能力办公室的职能。罗珀表示,战略能力办公室目前拥有6名政府职员、约20名技术工程师合同人员、13名军职人员以及其他人员等。该办公室每年都对国防部现有系统进行考察,提供5~6个新概念,且从概念到列编项目转换方面具有非常高的转换率。

战略能力办公室主要通过三种途径使国防部获得对敌优势。一是重新改变用途,将原本用于执行一种任务的系统转变为执行完全不同任务的系统。二是多个系统集成,将系统A和系统B进行整合,从而完成单独用系统A或系统B都不能完成的任务。三是采用商业技术,将各种现有技术集成到智能感知、计算和网络中,改变系统能力。战略能力办公室所开展的每项工作均与各军种合作进行,而非由该机构独自开展。因为战略能力办公室重新创新、重新构想的系统均归各军种所有,与独自开展项目相比,通过与各军种合作可更加快速地推进项目进展与部署。

(四)俄罗斯积极谋划成立新的委员会,优化工业与科技管理

1. 俄国家杜马决定成立无线电电子工业领域企业发展专家委员会

2016年10月,俄罗斯国家杜马经济政策、工业、创新发展和企业经

营活动委员会召开会议,决定成立无线电电子工业领域企业发展专家委员会,旨在对无线电电子工业现状及未来发展趋势进行分析和预测,并对用以规范本行业企业活动的相关法案的制定提出合理化建议。

无线电电子工业领域企业发展专家委员会将隶属于国家杜马经济政策、工业、创新发展和企业经营活动委员会,俄机械制造商联盟副主席弗拉基米尔·古捷涅夫担任该委员会主席,其成员包括 29 名俄大型企业和集团的代表,例如俄工贸部无线电电子工业司司长谢尔盖·霍赫洛夫、联合仪器制造公司总经理亚历山大·亚古宁、俄罗斯通信设备集团公司总经理亚历山大·安德烈耶夫、"金刚石 – 安泰"国家专业设计局副总经理根纳季·科兹洛夫、高频系统科研生产联合体总经理顾问奥列格·卡沙、无线电技术与信息系统公司副总设计设亚历山大·拉赫曼诺夫等。

2016 年春,俄总统普京参加机械制造商联盟会议时表示,俄罗斯必须重视无线电子工业发展,微电子是关系国家工业发展的基础,好比机床制造业一样,都是俄工业体系中的基础行业,直接影响工业整体竞争力。目前,俄微电子产业面临诸如出口比例较小、国内需求不足、国家订货无法满足等困境,无线电电子工业领域企业发展专家委员会应认真研究、统筹考虑在实施相关项目,以及制定关于扩大无线电电子工业扶持措施建议时该行业各企业的实际利益。

2. 俄政府成立俄联邦优先科技发展方向委员会

2016 年 1 月,俄总统普京在科学与教育委员会会议上责令内阁要认真分析当前形势,采取措施加快重组科学组织网络体系,并委托内阁与总统科教委员会于 10 月 30 日前,在兼顾科技发展战略的基础上,考虑成立俄优先科技方向发展委员会,确定其法律地位和业务制度。7月,俄政府发布《关于建立俄联邦优先科技发展方向委员会》的政府令。文件规定,优先科技发展方向委员会(以下简称"委员会")为协商性机构,旨在分析、鉴定、组织俄科技发展战略的实施,主要职能具体包括对科技领域发展现状及前景进行分析;准备并向总统科教委员会主席团提交报告,包括创新产品市场分析报告;参与创新项目全周期的遴选鉴定,包括技术研发、项目监测及其法律保障等。

(五)英国通过明确政府机构职能和新建网络安全中心等措施,着力提升网络安全管理能力

1. 英国扩展政府机构在网络安全领域的职能

英国在2016年11月发布的《国家网络安全战略2016—2021》中,明确了政府机构和市场在网络安全领域发挥的主要职能。相比2011年版网络安全战略,新版战略明确指出要扩展政府机构在网络安全领域的职能。在新版战略的指导下,英国将在继续利用市场力量改善网络安全环境的同时,强调进行更加积极的政府干预。

战略指出,英国政府可利用的干预手段包括:一是政策杠杆和激励机制。通过支持网络安全领域的创业公司和创新投资,最大化英国网络部门的创新潜力;尽早在教育系统中识别和引进人才;利用一切可利用的政策杠杆,包括即将出台的《一般数据保护规定》(GDPR),提高整个英国的网络安全标准。二是情报及执法。英国政府要扩大针对网络空间威胁的情报及执法力度:一方面,情报机构、国防部、警察和国家犯罪局,将与国际伙伴机构一道,努力识别、查明和破坏国外行为主体、网络罪犯和恐怖主义者的恶意网络行为;另一方面,要努力提高情报收集和开发利用能力。三是网络空间技术。英国政府将与工业界合作开发和部署包括主动网络防御措施等在内的网络空间技术,加深对网络威胁的理解,强化英国公共与私人部门的系统和网络安全,破坏恶意网络行为。四是网络安全中心(NCSC)。英国政府要充分利用国家网络安全中心共享网络安全知识、解决系统性漏洞,为关键的国家网络安全问题提供指导。

2. 英国国防部新建网络安全运行中心

2016年4月,英国国防部(MoD)投资超过4000万英镑打造网络安全运行中心(CSOC),用于支撑其网络及IT系统防护。该网络安全运

行中心设在英威尔特郡的科思罕,将致力于应对网络安全挑战,提高网络防御能力,保护英国国防部的网络安全。2015 年 11 月,英国政府推出了"战略防务和安全评估(SDSR)"计划,称将在 5 年内投资 19 亿英镑用于保护英国免受网络攻击并提升其在网络空间的能力,新的网络安全运行中心就是该计划一个重要组成部分。

英国国防部长麦克·法隆表示,当前网络安全威胁正与日俱增,新的安全运行中心将有助于确保英国的武装力量得以持续安全地运作。麦克·法隆还表示,受益于国防预算的增长,英国在网络空间领域将保持相对领先的位置。

三、预算投资

持续稳定的资金投入是军事电子工业发展的重要保障。2016 年,美、欧、日、俄继续投资支持电子领域发展,为提升能力提供资金保障。美国方面,2017 财年国防部预算申请数据表明,美国特别重视网络空间、电子战和新技术发展,并予以相应的资金支持;欧洲方面,欧盟继续投资支持"石墨烯旗舰"项目发展,推动石墨烯和相关二维材料的研究从实验室走向应用;日本方面,根据日本防卫省 2017 财年防卫预算请求概要,防卫省 2017 财年在电子领域的预算将主要用于支持指挥控制与信息通信体系建设和应对网络空间威胁;俄罗斯方面,俄政府公布预算数据,将继续投资支持无线电电子工业发展。

(一)美国网络空间领域预算同比有所增长

2017 年 2 月,美国国防部公布了 2017 财年国防预算申请报告。其中,用于网络空间领域的预算申请达 67 亿美元,这一额度相比 2016 年增加了 9 亿美元,表明美国网络空间任务部队及其他防御性和进攻性网络空间活动有所增加。最新预算申请报告指出,美国面临的网络空间威胁不断增加,这笔预算将主要为美国的防御性和进攻性网络空间行动、网络空间各种能力的提升,以及网络空间战略的实施提供资金保障,最终目的是强化美国网络空间防御能力,增加应对网络攻击的可选择的解决方案。

(二)美国增加用于军事通信、电子、通信和情报技术的研发与采购预算

根据美国国防部2017财年国防预算申请,国防部2017财年用于军事通信、电子、通信和情报(CET&I)技术的研发与采购预算申请为107.4亿美元,达3年内最高水平,且这一预算申请不包含航空电子设备、车载电子装置以及导弹制导等。相比2016财年国防部在该领域的资金投入(100.9亿美元),美国国防部2017财年CET&I预算申请增加了6.5亿美元。

总体而言,国防部2017财年CET&I预算申请一方面包含了74.7亿美元的采购支出,相比2016财年(71.1亿美元)增长了3.6亿美元。另一方面包含了33.7亿美元的研究、开发、试验和鉴定(RDT&E)预算申请,相比2016财年(29.7亿美元)增长了13.5%。具体来看,陆军方面,在美陆军2017财年CET&I预算申请中,4.37亿美元用于战术级作战人员信息网(WIN-T)地面部队战术网络,4381万美元用于国防企业宽带卫星通信系统,2.74亿美元用于手持便携式小型无线电,1.31亿美元用于保障通信安全,1.92亿美元用于陆军分布式通用地面系统(DCGS-A)。海军方面,在美海军2017财年CET&I预算申请中,2.49亿美元用于快速攻击潜艇声学设备,2.75亿美元用于AN/SLQ-32舰载电子战(EW)设备,1.46亿美元用于固定监测系统深海声纳系统,2.12亿美元用于一体化海上网络和企业服务战术舰载网络,1.02亿美元用于舰载战术通信,1.71亿美元用于舰艇信息战。空军方面,在美空军2017财年CET&I预算申请中,9845万美元用于空中交通管制和降落系统,7236万美元用于通信安全设备,1.99亿美元用于最低必备紧急通信网路(MEECN),1.18亿美元用于战术通信和电子设备。

（三）美国提高在脑计划和高性能计算领域的投资

美国 2017 财年总统预算提出"将联邦政府在脑计划领域的预算投资从 2016 财年的 3 亿美元提高至 2017 财年 4.34 亿美元"。参与脑计划的主要政府机构包括能源部、国防高级研究计划局（DARPA）、国立卫生研究院、国家科学基金会、情报高级研究计划局、食品药品监督管理局等。其中，国防高级研究计划局 2017 财年计划投资 1.18 亿美元支持脑计划，旨在通过神经系统研究，减轻军事人员或平民减轻疾病或伤害带来的负担，同时也给他们提供基于神经技术的新型能力。另外，DARPA 正在推动神经接口技术、数据处理、成像和高级分析技术的发展，以提高研究人员对整个神经系统相互作用的理解。其他主要政府机构 2017 财年在脑计划领域的计划投资分别为：国立卫生研究院 1.9 亿美元，国家科学基金会 7400 万美元，能源部 900 万美元，情报高级研究计划局 4300 万美元。

2016 年 10 月 26 日，美国军方宣布向"高性能计算现代化项目"的五大军用超级计算机研究中心注资 5310 万美元，旨在改进用于高级研究工作的高性能计算机或超级计算机技术。"高性能计算现代化项目"始于 1993 年，旨在实现美国国防部超级计算机基础设施的现代化，解决美军面临的最严峻挑战。"高性能计算现代化项目"运营着 5 个国防超级计算机资源中心，分别是位于密西西比州维克斯堡的美国陆军工程部队工程研发中心、马里兰州亚伯丁的陆军研究实验室、斯坦尼斯航天中心的美海军海洋气象指挥部和毛伊岛、夏威夷、代顿、俄亥俄州的美国空军研究实验室。安大略省亨茨维尔美国陆军工程兵团官员公布，这笔资金主要通过三份合同，授予克雷公司和硅谷图形公司两家主要超级计算机企业，为美国国防部"高性能计算机现代化项目"采办商用高性能计算机系统。其中，美国西雅图克雷公司获得 2660 万美元合同，美国硅谷图形公司获得 1760 万美元和 890 万美元两份合同。

（四）欧盟继续投资支持"石墨烯旗舰"项目发展

2016年4月，欧洲"石墨烯旗舰"项目官网宣布，该项目已进入第二阶段，主要目标是推动石墨烯和相关二维材料的研究从实验室走向应用。

早在2013年10月，为汇集和加强石墨烯的研发力量，欧盟委员会设立并启动了"石墨烯旗舰"项目，计划研发周期超过10年，投资超过10亿欧元。"石墨烯旗舰"项目第一阶段为"爬坡期"，为期30个月（2013年10月1日—2016年3月31日），由欧盟"第七框架协议"（FP7）提供资金支持，欧盟总投资额为5400万欧元。该阶段重点关注石墨烯在信息通信技术、交通、能源和传感器领域的应用。2016年4月，"石墨烯旗舰"项目进入第二阶段"核心期"（2016年4月1日起），由欧盟"地平线2020"计划提供资金支持，欧盟年投资4500万欧元。目前，该项目处于第二阶段的"核心I期"（2016年4月1日—2018年3月31日），研究重点包括：一是将石墨烯应用于更多领域，如用于柔性可穿戴电子设备和天线、传感器、光电子器件和数据通信系统、医疗和生物工程技术、超高硬度复合材料、光伏和能源存储等；二是对包括聚合物、金属、硅等在内的更多二维材料进行研究，并将这些材料与石墨烯复合堆叠形成自然界不存在的新材料。

（五）日本投资支持指挥控制与信息通信体系建设及网络空间威胁应对

2016年8月，日本防卫省公布《2017年日本防卫预算请求概要》，提出132亿日元的预算申请用于指挥控制与信息通信体系建设。其中，44亿日元用于更换中央指挥系统，8亿日元用于三军通用云服务基础设施建设，1亿日元用于陆上自卫队云基础设施建设，39亿日元用于海上自卫队云基础设施建设，40亿日元用于航空自卫队云基础设施建设。日本将通过分阶段地引入云技术对当前各自卫队独立发展的指挥系统进行整合,在提高运用方面灵活性与抗毁性的同时,削减系统建设的整体成本。

网络空间方面,《2017 年日本防卫预算请求概要》提出共计 125 亿日元的预算申请,主要用于确保日本始终具备可充分应对网络攻击的网络安全能力,提高自卫队各种指挥控制系统和信息通信网络的抗毁性,构建可对网络攻击应对能力进行检验的实战性训练环境等。具体而言,日本在网络空间领域的预算投资主要用于 3 方面任务:一是体制的充实与强化。日本一方面将建立实战性网络演习的实施体制,即建立利用模拟指挥控制系统和信息通信网络的实战演习环境来实施演习的实施体制;另一方面将建立渗透测试的实施体制,即建立可对指挥控制系统和信息通信网络实施渗透测试的体制。二是运用基础的充实与强化。日本将投资 7 亿日元为作战系统配备相应的安全监控装置,以确保航空自卫队作战系统在遭到网络攻击时能够迅速感知并妥善应对;将投资 26 亿日元用于云基础的安全监控体系建设,为航空自卫队的云基础设施研制相应的安全服务程序,并对航空自卫队基地内部网络进行整合和优化。三是最新技术的研究与开发。日本将投资 7 亿日元对可强化网络攻击应对能力的网络弹性进行技术研究,以提升防卫省和自卫队的信息通信基础设施在发生网络攻击时也能够继续运行的能力。

(六)俄罗斯公布未来 3 年无线电电子工业发展预算

2016 年 10 月,俄罗斯政府制定了《俄联邦 2017 年、2018 年及 2019 年联邦预算法》草案。根据该草案,2017—2019 年,俄将为无线电电子工业发展分别投入 94.66 亿卢布、92.6 亿卢布和 95.8 亿卢布。其中,2017 年,俄罗斯用于发展通信设备的预算为 38 亿卢布,用于发展各种计算技术及相关设备的预算达 33 亿卢布,用于落实《专业技术设备生产发展子纲要》的预算为 13 亿卢布,用于发展智能控制设备生产的预算 9.77 亿卢布。

四、企业并购重组活动

2016 年,国外电子企业并购重组活动频繁,目的多样化。从并购重组领域来看,热点领域与 2015 年相比变化不大,2016 年国外国防电子企业仍主要围绕网络安全和基础电子领域开展并购重组。从并购重组目的来看,一部分企业是通过并购重组活动,提升电子能力;还有一部分企业是通过出售电子相关业务,精简业务结构。

(一)开展并购重组活动,提升电子能力

1. 美国 L－3 通信公司通过收购活动,强化电子战能力

2016 年 9 月,美国 L－3 通信公司完成了对 Micreo 有限公司的收购,将其并入电子系统业务部。Micreo 有限公司是位于澳大利亚布里斯班的一家专业化电子战子系统供应商,专注于利用高性能微波、毫米波、光子技术的解决方案。此次收购活动是对 L－3 通信公司传感器业务的重要补充,同时也有助于加强公司在更高电子战射频带宽领域的产品开发能力。

2. 美国水星公司收购美高森美 3 家下属电子企业,扩展国防电子业务

2016 年 5 月,美国水星公司耗资 3 亿美元,完成对美高森美公司嵌入式安全、射频和微波、定制微电子业务的收购,涉及公司包括怀特电子设计公司、Endwave 公司和 Arxan 防务系统公司。怀特电子设计公司专注于军用安全防篡改固态存储器、电路板多芯片解决方案和小型、轻量级和低功耗微电子产品,Endwave 公司专注于为国防电子和安全应用提供高频射频解决方案,Arxan 防务系统公司专注于网络安全和军用防篡改软件。此次收购将大幅提升水星公司在电子战、射频、微波技术和高性能嵌入式计算领域能力,包括网络安全处理能力、微电子封装、毫米波领域等,扩大其产品和技术在国防电子领域应用范围。

3. "俄罗斯电子"公司完成伏尔加地区资产整合

2016 年 10 月，隶属于俄罗斯技术国家公司的"俄罗斯电子"控股公司基于超高频技术领域资产在伏尔加河地区组建一体化结构公司的相关工作已完成。通过重组活动，企业在不久的将来将有能力开展超大规模的生产活动，并且在新产品研发方面将拥有强大协同潜力。

（二）通过收购重组活动，提高提供网络安全解决方案的能力

1. 美国雷声公司重组网络安全业务，提升网络安全与信息能力

2016 年 1 月，雷声公司将其收购的两家公司——韦伯森斯公司（2015 年 4 月收购）和软石公司（2015 年 10 月收购）与雷声网络产品公司整合为一家商业网络安全供应商，命名为 Forcepoint 公司。过去 5 年，雷声公司几乎所有的收购都是在网络安全或者信息技术领域，在 Forcepoint 公司内整合不断扩张的网络安全与信息能力是雷声公司拓展商业信息安全市场战略的重要一步。

2. 以色列航空工业集团联合 Formula 系统公司收购 TSG 公司，提供网络安全服务

2016 年 1 月，以色列航空工业集团和以色列信息技术公司 Formula 系统公司宣称，两公司将各出资 2500 万美元，联合收购 Ness 技术子公司 TSG 公司。两家企业各拥有此公司 50% 的股份。TSG 公司是提供网络安全服务的供应商，同时也活跃于指挥与控制系统、情报、国土安全市场领域。

3. 法国泰勒斯公司完成对 Vormetric 公司的并购，强化其网络安全防御能力

2016 年 3 月，泰勒斯公司宣布对 Vormetric 公司进行并购，并购金额为 3.75 亿欧元。Vormetric 公司是一家物理、虚拟和云基础设施数据保护解决方案提供商，此次并购将提升泰勒斯公司从数据中心到云环境下的数据保护和控制能力，增强其网络安全服务能力。

4. 美国赛门铁克公司收购 Blue Coat 公司,提升在网络威胁领域的竞争优势

2016 年 6 月,赛门铁克公司宣布耗资 46.5 亿美元,收购 Web 安全提供商 Blue Coat 公司,以应对移动设备和云环境推动下的网络威胁多样化和扩大化趋势。此次并购将借助 Blue Coat 公司在网络和云安全软件方面的优势,提升赛门铁克公司在网络威胁领域的竞争优势,加强其网络防御技术研发。

(三)通过并购活动,强化基础电子能力

1. 美高森美公司完成对 PMC – Sierra 公司并购,推动半导体技术创新

2016 年 1 月,美高森美公司宣称,其下属子公司 Lois 收购公司已完成与 PMC – Sierra 公司的并购。PMC – Sierra 公司是一家存储、移动网络领域的半导体和软件解决方案提供商,此次并购将推动美高森美公司在半导体和软件开发等领域的创新。

2. 美国数据设备公司收购麦斯韦尔公司,增强其在抗辐照空间电子市场领域地位

2016 年 5 月,美国数据设备公司(DDC)宣布将收购麦斯韦尔公司,扩展其在抗辐照空间电子领域的产品组合,增强市场地位。麦斯韦尔公司是一家卫星和航天器空间认证、抗辐照微电子器件制造商,DDC 是美国国家航空航天局、欧洲航天局和日本宇航局抗辐照电子产品重要供应商,获得美国防后勤局的认证,达到混合微电路最高质量水平 K级。此次收购将扩展 DDC 公司在航天工业和其他抗辐照解决方案市场领域的能力。

3. 德国英飞凌公司完成对 Wolfspeed 公司的并购,强化化合物半导体器件能力

2016 年 7 月,德国英飞凌公司与美国科瑞公司签署最终协议,收购科瑞公司旗下专注于功率和射频业务的 Wolfspeed 公司及其相关的功率和射频功率器件碳化硅晶圆衬底业务,收购金额为 8.5 亿美元,预计年底完成全部的收购活动。此次收购将提升英飞凌在化合物半导体器件,包括碳化硅、硅基氮化镓、碳化硅基氮化镓等方面的能力,增强其在电动交通、可再生能源,以及物联网相关的新一代蜂窝基础设施等领域的领先地位,加快这些创新技术的市场化步伐。

4. 安美森半导体公司完成对仙童半导体公司并购,扩大其在化合物半导体市场份额

2016 年 9 月,安美森半导体公司宣布完成对仙童半导体公司的收购计划。此项交易耗资 24 亿美元,旨在利用两家公司在化合物半导体领域各自优势,提升安美森半导体公司在电源管理和模拟半导体领域的能力,扩大产品在终端市场的占有率。此次并购后,安美森半导体公司业务将分为三大部分:功率解决方案单元、模拟解决方案单元和图像传感器单元。

(四) 出售电子相关业务,精简业务结构

1. 空客公司出售其防务电子业务,精简防务和安全部门业务

2016 年 3 月,美国 KKR 公司同意以 11 亿欧元的价格收购空客公司的防务电子业务。空客防务电子公司位于德国乌尔姆市,主要从事军用传感器、电子战、航空电子和光电产品的生产,拥有 4000 名员工,年收入约 10 亿欧元,利润丰厚,并且具有显著的增长潜力。空客公司出售其防务电子业务主要是为满足公司精简防务和安全部门业务的需求。

2. 洛克希德·马丁公司出售信息系统与全球解决方案业务,专注核心航空航天和国防业务

2016 年 8 月,洛克希德·马丁公司将其信息系统与全球解决方案业务出售给 Leidos 公司,交易总价值达 46 亿美元。信息系统与全球解决方案业务涉及很多技术支持和发展业务,包括政府和卫生 IT 系统、网络安全、空中交通管制、云计算和数据分析等。洛克希德·马丁公司

表示,此次并购活动将使其更加专注于核心的航空航天和国防业务。Leidos 公司通过此次收购活动,将成为更为重要的政府信息技术基础设施服务和技术服务供应商。

五、国际合作

2016 年,世界主要国家继续积极推动国际合作。日本在其发布的新版防务白皮书中将国防装备与技术国际合作视为三个优先发展的领域之一,继续强调装备与技术合作的重要地位;俄罗斯首次提议与南非开展国防工业合作,并就合作中的有关问题进行了探讨;英日采取行动进一步深化两国间的军事合作,两国将在防务装备研发、联合演习等方面开展更多合作。除了国家层面的合作,企业也积极推动跨国合作。

(一)日本新版防务白皮书继续强调国防装备与技术国际合作

2016 年 8 月,日本防卫省发布《日本 2016 防务白皮书》,概述了日本防务采办与生产方面的优先工作。该白皮书提出了三个优先发展的领域,分别是:持续提高国防项目管理、采取措施保证技术优势,以及在国防装备和技术方面开展合作。国防装备与技术合作旨在加强防务生产和促进国际间开展和平合作。尽管白皮书中没有提及意图,但目的是为日本国防出口提供支持。日本于 2014 年决定取消之前有关国际军售的禁令。白皮书称,防务合作主要包括两方面工作:一是通过多项倡议促进日本工业部门参与国际制造流程,二是建立通用维护基地。此方面的合作促使日本于 2016 年 5 月与菲律宾达成一致,同意向菲海军出租 5 架"比奇空中国王"T-90 教练机。此次交易被认为是日本取消军售禁令后首单重大国防装备转让活动。

(二)俄罗斯加强与南非在国防工业领域的合作

2016 年 9 月,俄罗斯联邦军事技术合作局(FSVTS)首次提议与南非加强在国防工业领域的合作。军事技术合作局副局长表示,南非工业潜力巨大,俄罗斯可在国防、安全和执法领域与南非开展更多合作。两国在最大的非洲航空航天与防务展举办之前举行了首次双边研讨会,来自两国的一百多位专家参加了此次研讨会,就俄罗斯与南非进行军事技术合作过程中的组织与法律问题、版权保护工业合作模式及其他问题进行了讨论。俄罗斯具有可与南非现有系统进行集成的高科技平台,未来两国将联合创造新的技术。

(三)英、日深化军事合作

2015 年 11 月,英国政府在其推出的"战略防务与安全评估"(SDSR)计划中,将日本描述为"英国在亚洲最亲密的安全伙伴"。在这一背景下,2016 年,英日进一步采取行动深化两国间的军事合作。2016 年 1 月,英国部长级官员访问东京时宣布,英国和日本将扩大防务与安全合作。英国防务大臣迈克尔·法伦列出了英国希望深化合作的领域,包括防务装备合作、联合演习、军事基地互访、军事人员交流等。其中,防务装备研发合作方面,英日双方将联合推进新型空空导弹研发;联合演习方面,双方已将战机联合演习、联合网络演习等列入议事日程。日本方面,日本除了强化与英国的军事合作外,还与法国、印度签订了合作协议,而美国则是日本在各个领域的长期合作伙伴。

(四)企业层面积极推动跨国合作

2016 年 2 月,加拿大燃料电池开发商能源技术公司(EnergyOr Technologies)与法国空军航空专业军事学院中心(CEAM)签署联合开发协议,旨在为长续航无人机平台开发燃料电池。2016 年 8 月,洛克希德·马丁公司确定将在墨尔本建设前沿多学科研发设施——科学技术工程领导与研究实验室,其探索与研究领域包括高超声速、自主、机器人、指挥、控制、通信、计算机、情报、监视、侦察,实验室预计将于 2017 年年初开始运行。实验室在未来 3 年将获得洛克希德·马丁公司 1300

万美元的初始投资,在上述领域开展研发工作,解决未来所面临的技术挑战。该实验室是洛克希德·马丁公司首次在美国以外的国家建设研发设施,为两者间更深入的合作铺平了道路。

六、军事电子产品市场

2016 年,Marketsandmarkets 公司对包括 C^4ISR 市场、网络安全市场、军用雷达市场、战术通信市场、电子战市场等在内的主要军事电子产品市场进行了分析与预测。相关预测数据表明,受技术推动和军事需求双因素影响,未来 5 年,全球主要军事电子产品市场仍将延续增长态势。

(一)未来 5 年全球 C^4ISR 市场继续稳步增长

2016 年 7 月,Marketsandmarkets 公司发布《C^4ISR 平台、应用、组件和地区市场——至 2021 年的全球预测》报告指出,全球 C^4ISR 市场规模预计将从 2016 年的 938 亿美元增至 2021 年的 1107.8 亿美元。报告称,C^4ISR 市场增长主要受两方面因素影响:一是 C^4ISR 系统与现有平台的集成带动了该市场的发展;二是网络防御、作战系统等各种技术的进步,推动了增强型 C^4ISR 系统的发展。

报告将 C^4ISR 平台分为陆基、海基、空基;C^4ISR 应用分为情报、监视和侦察、通信、指挥和控制、电子战;C^4ISR 组件分为电子战硬件、应用软件、显示控制台、通信网络和网络技术;地区分为北美地区、欧洲、亚太地区等。从应用方面来看,应用于情报领域的 C^4ISR 市场在预测期内年均复合增长率最高;从平台来看,机载 C^4ISR 市场规模将继续占据领先地位,但陆基 C^4ISR 市场在预测期内的年均复合增长率最高;从组件来看,通信网络领域在预测期内的年均复合增长率最高;从地区来看,报告认为鉴于中国南海地区的紧张局势和多个国家的边界问题,亚太地区在预测期内的年均复合增长率最高。而北美和欧洲地区由于国防预算削减、经济危机影响等因素,对 C^4ISR 系统需求的下降,限制了该地区 C^4ISR 市场增长。

报告指出,C^4ISR 市场领域主要承包商包括雷声公司、诺斯罗普·格鲁曼公司、洛克希德·马丁公司、罗克韦尔·科林斯公司、BAE 系统公司和埃尔比特系统公司。其中,雷声公司拥有绝对的领先地位。

(二) 未来 5 年全球网络安全市场增长迅速

2016 年 7 月,Marketsandmarkets 公司发布《网络安全解决方案、服务、安全类型、部署模式、组织规模和地区分布市场——至 2021 年的全球预测》报告指出,全球网络安全市场规模预计将从 2016 年的 1224.5 亿美元增加至 2021 年的 2023.6 亿美元。报告指出,推动网络安全市场规模快速增长的主要因素包括针对企业安全漏洞的攻击越来越多、物联网及各种移动设备对网络安全需求的不断增长,以及基于网页和云环境的业务应用部署的逐步增加。

从行业来看,2016—2021 年间,由于航空航天和国防领域的关键数据和应用程序易受网络攻击,该行业网络安全市场份额最高;从地区来看,由于北美地区网络安全技术的进步和网络安全产品的早期应用部署,该地区主导了 2016 年网络安全市场,拥有最高的市场份额。此外,亚太地区在 2016—2021 年网络安全市场也将呈现出高速增长趋势,这主要是由于印度和中国等国家对网络安全技术的应用,以及国防领域潜在的巨大应用需求。

报告指出,网络安全市场领域主要供应商包括英特尔公司、赛门铁克公司、惠普公司、IBM 公司、思科公司、Rapid7 公司、EMC RSA 公司、FireEye 公司、Trend micro 公司和 Sophos 公司。

(三) 武器制导系统将成为推动军用雷达市场增长的重要因素

2016 年 2 月,Marketsandmarkets 公司发布《军用雷达平台、波段类型、应用和地区市场——至2020年的全球预测》报告指出,全球军用雷达市场规模2020年将达到130.4亿美元,对机载火控、监视、地面绘图、预警、空中交通管制等领域的持续关注推动了全球军用雷达需求的增长。

报告指出,从雷达应用角度看,武器制导系统应用占据全球军用雷达市场的最大份额。军用有源和无源雷达制导需求,以及精确制导系统的需求将继续推动军用雷达在武器制导领域的应用。亚太地区南海岛屿争议、海盗和恐怖主义问题将推动军用雷达监视应用市场的发展。从地区来看,北美地区,包括美国和加拿大在全球军用雷达市场领域占据领导地位。防空反导雷达、三维远征远程雷达、"太空篱笆"项目的实施,以及AN/TPS-59、AN/TPS-63、AN/TPS-80雷达系统的采购推动美国对监视系统和雷达的高需求。

报告指出,军用雷达市场主要供应商包括洛克希德·马丁公司、诺斯罗普·格鲁曼公司、雷声公司、萨博公司、泰勒斯公司、空客集团、BAE系统公司、通用动力公司、以色列航空航天工业公司和芬梅卡尼卡公司。

(四)未来5年全球战术通信市场规模将增加一倍

2016年9月,Marketsandmarkets公司发布《战术通信平台、类别、技术、应用市场——至2021年的全球预测》报告指出,全球战术通信市场规模将从2016年的86.2亿美元增至2021年的185.3亿美元。各国已越来越多地通过战术通信系统部署,支持各种任务,包括目标获取和战斗损伤评估。

报告指出,战术通信平台包括机载、舰载、路基和水下系统;战术通信类别包括战术无线电、单人便携无线电、高容量数据无线电、车载互通无线电等;战术通信技术包括时分复用战术通信系统、基于下一代网络的战术通信系统;战术通信应用包括ISR、通信、作战指挥与控制等。从平台来看,水下战术通信系统在整个战术通信市场中的年均复合增长率最高;从类别来看,车辆互通无线电市场规模最大,预计将在未来5年内继续保持这项优势,但手持无线电年均复合增长率最高;从技术领域来看,下一代网络战术通信系统年复合增长率最高;从地区来看,亚太地区年复合增长率将最高,该地区国防开支的持续增加,以及通过采购先进战术通信系统,以增强其通信能力的举动将为战术通信系统制造商带来巨大市场机遇。

报告指出,战术通信领域设备供应商包括诺斯罗普·格鲁曼公司、雷声公司、通用动力公司、泰勒斯公司、哈里斯公司等,器件供应商包括ViaSat公司、Ultra电子公司、Iridium公司和战术通信集团等。

(五)未来5年北美地区仍将主导电子战市场发展

2016年5月,Marketsandmarkets公司发布《电子战类别、平台、产品、技术、便携式和地区市场——至2021年的全球预测》报告指出,全球电子战市场规模将从2016年的205.5亿美元增至2021年的253.6亿美元。报告认为,全球电子战市场规模增长的主要驱动因素有以下几个方面:地区冲突和跨国战争的不断出现;认知电子战技术的出现;基于行波管解决方案的引入,增加了电子战系统的可靠性和效率。

报告指出,电子战类别包括电子攻击、电子支援和电子防护;电子战平台包括空基、陆基、海基和无人平台;地区包括北美地区、欧洲地区、亚太地区、中东地区、拉丁美洲和非洲。从类别上来看,电子支援贡献了电子战市场的最大份额,在即时威胁识别中发挥至关重要的作用;电子支援措施用于战术环境下的情报收集,主导整个电子战市场,并在未来5年内继续占据主导地位。从电子战平台来看,陆基平台在2016年电子战平台市场中占据最大市场份额,但基于无人平台的电子战系统将在未来5年增长迅速。从地区来看,北美地区主导2016年电子战市场;未来5年,亚太地区电子战市场份额增长迅速,主要是由于该地区经济发展迅速,在电子战技术和产品方面的研发投资增加,加之国内外企业对电子战市场的重视程度日益增加。

报告指出,电子战市场领域主要供应商包括 BAE 系统公司、罗克韦尔·科林斯公司、雷声公司和诺斯罗普·格鲁曼公司。

(六)未来10年美国军事电子市场呈现增长趋势

2016 年 3 月,美国预测国际公司发布《美国军事电子市场》报告,对美国三个军事电子领域 500 多个大型项目进行审查,预测其在 2016—2025 年市场价值至少为 1347.29 亿美元。

报告指出,尽管美国整个国防开支在预测期内可能下降,但军事电子市场显现出强劲实力和增长的趋势,军事电子开支继续强调新技术的研发,但未来紧缩的预算将会限制军事电子领域研发经费投入。2016—2025 年间,在审查的 500 多个大型项目中,有 1/4 的项目将在此期间完成,3/4 的项目将维持运行状态,从而使军事电子领域仍然保持活跃态势。报告还对未来发展潜力巨大的军事电子项目进行了预测,包括用于 F-35 战机的 APG-81 有源相控阵雷达;用于为 F-22 和 F-35 战机集成航空电子设备的综合通信、导航、识别航空电子设备(ICNIA)系统;用于 F-16 战机的 APG-68 脉冲多普勒火控雷达;AAQ-33"狙击手"先进瞄准吊舱;ALQ-210 态势感知和威胁预警系统;VUIT-2 视频系统;用于航空母舰和驱逐舰上的 SPY-6 防空反导雷达;AQS-20A 猎雷声纳和 AQS-22 机载低频声纳海军系统;海军多波段终端 C^4I 系统;"鲍曼"无线电系统和作战人员战术信息网络。

报告对美军事电子市场领域主要承包商进行了排名,前 5 名分别为诺斯罗普·格鲁曼公司、洛克希德·马丁公司、雷声公司、通用动力公司和 BAE 系统公司。

2016 年大事记

1 月

- 5 日,美国能源部国家可再生能源实验室与瑞士电子与微技术中心(CSEM)联合开发出双结Ⅲ - Ⅴ族/硅太阳电池,转换效率达到29.8%(光照条件为1个太阳强度),超过了晶体硅太阳能电池29.4%的理论极限。

- 13 日,萨伯防务与安全公司推出"海上长颈鹿"4A有源相控阵雷达,该雷达是为美国海军近海战斗舰项目所研制,同时兼顾对海、对空监视能力,以满足美国海上安全需求。

- 20 日,美国空军首个网络空间武器系统——空军内联网控制(AFINC)武器系统具备全面作战能力。

- 28 日,欧洲"空间数据高速公路"首颗激光通信卫星发射升空,传输速率可达1.8吉比特/秒。

- 30 日,欧洲在"空间数据高速公路"(EDRS)项目资助下,发射了全球首个业务型卫星激光通信载荷(EDRS - A),星间数据传输速率达到1.8吉比特/秒,标志着星间激光通信技术已进入实用阶段。

- 1 月,美国休斯研究实验室宣布首次验证氮化镓CMOS场效应晶体管技术,开启了制造氮化镓CMOS集成电路的可能性。

- 1 月,纳微达斯半导体公司研制出全球首款驱动与功率集成电路,将极大地提高功率密度和效率。

- 1 月,俄罗斯国防部透露将在2020年前全面实现通信数字化。

2 月

• 5 日,美国国家科技委员会发布《2016 联邦网络空间安全研发战略规划》,对 2011 年 12 月《联邦研发规划(可信网络空间)》进行更新和扩展,聚焦网络空间安全研发,全面指导联邦网络空间安全技术研发。

• 9 日,美国总统奥巴马宣布推出"网络空间安全国家行动计划",通过一系列短期和长期行动计划,提升联邦政府、私营部门和个人的网络安全能力,维持美国全球数字经济的竞争力。

• 17 日,萨伯防务与安全公司推出"全球眼"新型空中预警机,这也是"爱立眼"系列机载预警机的新成员。

• 2 月,雷声公司利用氮化镓 AESA 对"爱国者"雷达天线进行升级,使之具有 360 度全方位探测能力。

• 2 月,美国国家科学技术委员会发布了《联邦网络安全研发战略计划》,提出了美国网络安全研发活动的短、中、长期目标,着力提升针对恶意网络行为的威慑、防护、探测与适应能力。

• 2 月,美国国防部公布了 2017 财年国防预算申请报告。其中,用于网络空间领域的预算申请达 67 亿美元,这一额度相比 2016 年增加了 9 亿美元。这笔预算将主要为美国的防御性和进攻性网络空间行动、网络空间各种能力的提升,以及网络空间战略的实施提供资金保障,最终目的是强化美国网络空间防御能力,增加应对网络攻击的可选择的解决方案。

3 月

• 7 日,英国伦敦大学、卡迪夫大学和谢菲尔德大学联合研制出直接生长在硅衬底上的实用型电泵浦式量子点激光器,攻克了半导体量子点激光材料与硅衬底结合过程中位错密度高的世界难题。

• 7 日,美国国土安全部组织开展第五届"网络风暴"演习。

● 11 日,美国国防部公布《网络空间安全规程实施计划》更新版,有助于保证国防部数据安全、降低国防部任务风险,提升美军网络空间安全水平。

● 15 日,谷歌人工智能程序 AlphaGo 以 4:1 战胜世界冠军李世石,标志人工智能领域深度学习能力取得质的飞跃。

● 15 日,DARPA 启动"深海导航定位系统"研发,旨在打造水下导航星座,为美军无人潜航器提供水下导航信息,提高其隐身能力,确保其可安全有效地执行任务。

● 15 日,"车床工业"公司总经理德米特里·科索夫向俄总理德米特里·梅德韦杰夫展示了该公司生产的国产"阿尔法"-2 3D 打印仪器。

● 18 日,日本国家网络安全中心举办"3·18 全国网络驿传接力赛"演习。

● 21 日,新加坡南洋技术大学的研究人员研发出一种可部署于小型化、微型化平台的片上成像雷达,使小型无人机或卫星携带可全天候成像的合成孔径雷达成为可能。

● 21 日,印度空军为增强其探测诸如巡航导弹、直升机、战斗机及小型舰船等雷达反射截面小的小目标,监视敌方防空战斗机的能力,增购 2 套"费尔康"机载预警系统。

● 21 日,法国纳米科技技术研究所(IRT)采用直接晶片键合技术首次实现了Ⅲ-Ⅴ族/硅激光器和硅基马赫-曾德尔调制器的首次单片集成。

● 3 月,美国空军研究实验室计划投资 1350 万美元,寻求大尺寸碳化硅衬底及外延工艺,以提高当前技术的可用性和质量。

● 3 月,洛克希德·马丁公司研制出芯片嵌入式微流体散热片,解决了制约芯片发展的散热难题。

● 1 月,美国空军推进"反电子高功率微波先进导弹"小型化,将在2017 年完成设计。

4月

• 18日,北约网络合作防御卓越中心在爱沙尼亚首都塔林举办"锁定盾牌2016"网络空间防御演习。

• 28日,印度发射第七颗,也是最后一颗自主研制的IRNSS区域导航系统卫星,印度区域导航卫星系统完成空间段全部部署。

5月

• 3日,芬梅卡尼卡公司推出其研制的"鱼鹰"雷达,该雷达是世界首个轻量级、可提供360度覆盖范围机载监视有源相控雷达,并没有移动组件或巨大天线罩的雷达,被芬梅卡尼卡公司誉为第二代有源相控阵雷达技术。

• 11日,美国国防高级研究计划局(DARPA)在五角大楼举办"2016年度演示日"(Demo Day)活动。

• 16日,俄总理梅德韦杰夫签署《俄联邦军工综合体发展国家纲要》(第425-8号政府令),明确促进俄军工综合体发展的优先国家政策、未来五年的投资预算,以及转变国防工业产品结构、提高军工企业开展民用产品生产的比例的相关政策。

• 24日,欧洲航天局在法属圭亚那航天中心发射第13、14颗"伽利略"导航卫星。

• 5月,英飞凌科技股份公司推出1200伏碳化硅MOSFET,使产品设计在功率密度和性能上达到前所未有的水平。

• 5月,俄罗斯计划研发军用量子计算机,工期预计3年半,总投资75亿卢布,有利于其开展复杂计算和密码破解工作。

• 5月,美国海军启动大规模网络改革转型,从海军陆战队内部网向下一代企业网过渡。

• 5月,美国政府发布《大数据报告:算法系统、机会与公民权利》。

• 5月,欧盟委员会发布《量子宣言》,提出了量子技术短期、中期和长期研发目标,力图汇集欧盟及其成员国的优势,推动量子通信、量子计算机等领域量子技术的发展,确立欧洲在量子技术和产业方面的领先优势。

6 月

- 6 月,斯诺登披露英国"乳白色"秘密监控项目。该项目通过访问英国公民的通信数据,掌握其通话记录、邮件信息、网站浏览记录等。

- 6 月,DARPA 和洛克希德·马丁公司先进技术实验室成功完成认知电子战系统动态对抗自适应通信的空中演示验证,将干扰自适应通信所需分析时间从以前的几个月缩短至几分钟。

- 6 月,雷声公司研发出可对抗蜂群无人机的高功率微波武器,在一次脉冲发射中可清除空中足球场大小区域内的无人机。

7 月

- 5 日,欧盟委员会向赛博安全领域增加投资,将筹集 4.5 亿欧元,用于支持对赛博安全研究感兴趣的公司、大学及其他研究机构等,旨在"培养赛博安全产业能力及创新能力"。

- 6 日,欧盟委员会首次发布《网络与信息系统安全指令》,明确其未来网络与信息系统安全建设方向。

- 22 日,俄发布《关于建立俄联邦科技发展前沿发展方向委员会的政府令草案》。

- 22 日,美国家科学技术委员会发布《先进量子信息科学:国家挑战及机遇》报告,总结了量子信息科学的应用前景,分析了美国在该领域发展所面临的挑战,以及目前的投资重点等。

- 26 日,美国白宫出台一项新的总统政策指令 PPD－41——《美国网络事件协调》,旨在明确联邦政府相关机构在遭受网络攻击时的职责,为其实施网络事件响应提供指导原则。

- 27 日,美国雷声公司推出下一代以太加密系统,该系统可保护从敏感信息直到绝密级涉密信息的网络通信。

• 7月,美国国家战略计算规划执行委员会发布《国家战略计算规划战略计划》,对2015年发布的《国家战略计算规划》中提出的高性能计算发展5大战略目标的实现路径进行了明确,同时也明确了高性能计算技术研发组织管理体系。

8月

• 2日,澳大利亚伍伦贡大学利用氧分子成功将硅烯与金属衬底分离,解决了硅烯制造难题,对未来设计、应用硅烯纳米电子技术和自旋器件具有重要意义。

• 2日,美国空军和洛克希德·马丁公司成功完成天基红外系统(SBIRS)第三颗地球同步轨道卫星(GEO-3)的测试工作,并将其交付于美空军基地。

22日,俄罗斯航空材料研究所在俄罗斯先期研究基金会合作下,宣布计划开发一个可以通过3D打印的发动机驱动的无人机。

• 29日,美国宾夕法尼亚大学采用"迁移增强包封生长工艺"(MEEG)首次合成二维氮化镓材料,促进深紫外激光器、新一代电子器件和传感器的发展。

• 29日,美国国防部发布《信息技术环境:面向未来战略格局的途径》报告,指出国防部当前网络和计算系统的数量与种类不断增多,信息技术环境日益复杂,需要对其实施优化,并提出改善信息技术环境状况的8项目标。

• 31日,日本防卫省发布首个指导武器装备技术发展的《防卫技术战略》顶层战略文件,分析了高超声速武器、无人机等世界装备技术发展的新趋势,提出日本防止技术突袭的应对举措。

• 8月,俄罗斯国家原子能集团公司成功研制出俄罗斯首部金属3D打印系统,在2016国际工业贸易展上公开亮相。

• 8月,美国斯坦福大学研究发现相变存储器比硅基随机存储器速度快 1000 倍。

• 8 月,日本富士通半导体和米氏富士通半导体公司启动碳纳米管非易失性随机存储器产品研制,预计 2018 年底前实现商业化。

• 8 月,雷声公司为美国"爱国者"导弹系统提供加密与赛博安全升级。

• 8 月,日本防卫省发布《防卫技术战略》及与之相配套的《中长期技术规划》,明确了未来 20 年日本在 18 个领域的军事技术发展方向,情报感知、电子攻防、网络空间、指挥通信等电子技术均列入其中。

• 8 月,日本防卫省公布《2017 年日本防卫预算请求概要》,提出132 亿日元的预算申请用于指挥控制与信息通信体系建设;提出共计125 亿日元的预算申请用于确保日本始终具备可充分应对网络攻击的网络安全能力,提高自卫队各种指挥控制系统和信息通信网络的抗毁性,构建可对网络攻击应对能力进行检验的实战性训练环境等。

9 月

• 1 日,美国海军陆战队与美国诺斯罗普·格鲁曼公司签署了价值 3.75 亿美元的合约,用于采购 9 部基于氮化镓技术的 AN/TPS-80地面/空中任务定向雷达(G/ATOR)低速率初始生产系统。

• 5 日,美国科罗拉多大学与美海军研究实验室、国家标准与技术研究所联合开发出新的电子增强原子层沉积(EE-ALD)方法,可在可在室温下合成超薄材料,开辟了薄膜微电子学的新途径。

• 16 日,英国国防部发布《通过创新获取优势》文件,旨在通过构建"本能创新"文化,制定战略规划,发展科学和技术等措施,维持英国武装力量的军事优势。

• 20 日,美国国家标准与技术研究院资助其下属机构国家网络安全教育标准协会 100 万美元,用于加大国家网络安全人才培养。

10 月

• 7 日,美国哥伦比亚大学在石墨烯中首次直接观察到电子在导电材料中的负折射现象,有望使人们掌握制备低功耗、超高速开关装置的技术,并带来根据光学原理而非电子原理的新型电子开关的发展。

- 12日,美国白宫发布《国家人工智能研究与开发战略规划》和《为人工智能的未来做好准备》两份报告,这是美国首次在国家层面发布人工智能发展战略,旨在顶层推动人工智能研发,增强人工智能在经济、社会、国家安全等领域发挥的作用。

- 18日,DARPA向美国空军交付"空间监视望远镜"(SST)系统。空军航天司令部计划将其部署至澳大利亚,并与澳大利亚政府联合运营。

- 18日,俄国家杜马经济政策与工业委员会召开会议,决定成立无线电电子工业领域企业发展专家委员会。

- 20日,美国白宫宣布成立隐私办公室,办公室负责在整个政府中指定和实施"前瞻性"政策,以及监督和评估影响人们信息隐私的政策举措。

- 21日,美国133支网络任务部队全部具备初始作战能力,近一半已具备全面作战能力。

- 28日,俄发布《俄联邦2017年及2018和2019年联邦预算法》草案。

- 1—29日,俄罗斯萨拉托夫举行主题为"前沿市场——着眼于未来"的第15届无线电电子工业科技大会。

- 30日,俄工贸部公布获得用于技术、电子器件与产品研制支出预算补贴的生产商名录。

- 10月,美国能源部劳伦斯伯克利国家实验室利用碳纳米管和二硫化钼(MoS_2),制出栅极长度仅有1纳米的晶体管。

- 10月,Qorvo公司推出两款全新的氮化镓功率放大器,可用于国防和民用雷达系统。

- 10月,DARPA公布将尝试在军事领域使用区块链技术,保护高度敏感数据的安全,并指出其在军用卫星、核武器等领域拥有广泛的应用前景。

- 10 月,黑客盗取日本核研究实验室研究数据和用户信息。

- 10 月,俄罗斯国家杜马经济政策、工业、创新发展和企业经营活动委员会召开会议,决定成立无线电电子工业领域企业发展专家委员会,旨在对无线电电子工业现状及未来发展趋势进行分析和预测,并对用以规范本行业企业活动的相关法案的制定提出合理化建议。

11 月

- 1 日,英国发布《国家网络安全战略 2016—2021》,明确了英国未来 5 年的网络安全愿景,提出了为实现该愿景英国将努力达成的 3 大目标,规划了为实现 3 大目标英国将采取的主要措施。

- 3 日,美国海军第五颗"移动用户目标系统"(MUOS)卫星正式开始运行,标志着 MUOS 系统完成空间段全面部署。

- 8 日,美空军寻求与私营企业合作加强核武器信息系统安全。

- 18 日,欧洲航天局在法属圭亚那航天中心由一枚"阿丽亚娜"-5 型火箭发射第 15、16、17、18 颗伽利略导航卫星。

- 11 月,英国发布《国家网络安全战略 2016—2021》,这是英国继 2011 年之后第二次发布网络安全战略。该战略确定了英国未来 5 年的网络安全愿景,提出了为实现该愿景英国将努力达成的三大目标,同时也规划了为实现三大目标英国将采取的主要措施。

12 月

- 5 日,俄罗斯总统普京签署新版信息安全学说,着力构建信息安全保障体系。

- 7 日,美国发射第 8 颗宽带全球卫星通信(WGS)卫星,这是改进后的第一颗 WGS 卫星,通信容量提高了 45%。

- 15 日,欧盟委员会宣布,"伽利略"卫星导航系统正式开始为全球用户提供初始服务,包括免费开放式服务、加密的公共控制服务和搜救服务三种类型。

● 12月,俄罗斯总统普京正式签发《俄联邦信息安全学说》,明确了俄信息安全保障领域的战略目标,提出要"尽可能降低因信息产业和电子工业发展不足对国家安全造成的影响",并将"支持俄信息安全体系和信息产业创新、快速发展"。

参 考 文 献

[1] U. S. NSTC, Federal Cybersecurity Research and Development Strategic Plan, 2016. 02.

[2] The National Strategic Computing Initiative Executive Council, National Strategic Computing Initiative Strategic Plan, 2016. 07.

[3] Executive Order – Creating a National Strategic Computing Initiative, 2015. 07.

[4] European Commission, Quantum Manifesto, 2016. 05.

[5] Доктрина информационной безопасности Российской Федерации (проект), 2016. 07.

[6] Committee on Science and Committee on Homeland and National Security of THE National Science and Technology Council, Advancing Quantum Information Science: National Challenges and Opportunities, 2016. 07.

[7] http://www. defense. gov/News/News – Releases/News – Release – View/Article/652687/department – of – defense – dod – releases – fiscal – year – 2017 – presidents – budget – proposal.

[8] http://www. defense. gov/News/Article/Article/702488/cio – priorities – include – cybersecurity – innovation – retaining – it – workforce

[9] Ramp Up Phase Highlights from the Graphene Flagship.
http://graphene – flagship. eu/news/Pages/RampUp_Phase_Highlights_GrapheneFlagship. aspx.

[10] U. S. OSTP, Obama Administration Proposes Over $ 434 Million in Funding for the BRAIN Initiative, 2016. 03.

[11] Japan MOD, Defense Programs and Budget of Japan – Overview of FY 2017 Budget Request, 2016. 08.

[12] http://www. 1 – 3com. com/press – release/1 – 3 – acquires – aerosim

[13] http://www. 1 – 3com. com/press – release/1 – 3 – completes – acquisition – micreo – limited

[14] http://www. semiconductor – today. com/news_items/2016/jan/microsemi_180116. shtml

[15] http://www. semiconductor – today. com/news_items/2016/jul/infineon_140716. shtml

[16] https://defensesystems. com/articles/2016/01/22/cyber – threat – intelligence – fireeye – isight. aspx

[17] https://www. symantec. com/about/newsroom/press – releases/2016/symantec_0612_01

[18] https://antivirus. comodo. com/blog/computer – safety/ma – attacks – cyber – security – industry/

[19] https://techcrunch. com/2016/06/13/symantec – grabs – blue – coat – systems – for – 4 – 65 – billion/

[20] https://www. thalesgroup. com/en/worldwide/press – release/thales – completes – ac- quisition – vormetric

[21] http://www. csc. com/investor_relations/press_releases/137152 – csc_announces_ merger_with_enterprise_services_segment_of_hewlett_packard_enterprise_to_create_ global_it_services_leader

[22] http://www. militaryaerospace. com/articles/2016/09/electronic – warfare – ew – rf – and – microwave. html

[23] http://www. militaryaerospace. com/articles/print/volume – 27/issue – 7/news/news/ mercury – acquisition – capitalizes – on – rf – cyber – and – anti – tamper – technolo- gies. html

[24] http://www. militaryaerospace. com/articles/2016/05/ddc – avionics – acquisition. html

[25] http://www. militaryaerospace. com/articles/2016/04/ddc – maxwell – acquisition. html

[26] http://investors. leidos. com/phoenix. zhtml? c = 193857&p = irol – newsArticle&ID = 2195750

[27] US Lab Makes GaN CMOS FETs

[28] https://www. compoundsemiconductor. net/article/98718 – us – lab – makes – gan – cmos – fets. html

[29] Raytheon shows U. S. Army the future of missile defense

[30] http://raytheon. mediaroom. com/2016 – 08 – 15 – Raytheon – shows – U – S – Army – the – future – of – missile – defense

[31] $13. 5M For US DoD SiC Development
http://www. powerelectronicsworld. net/article/0/99010 – 13. 5m – for – us – dod – sic – development. html

[32] U. S. Army Contracts GE Aviation to Develop SiC Power Electronics
http://www. compoundsemi. com/u – s – army – contracts – ge – aviation – develop – sic – power – electronics/

[33] Fujitsu Semiconductor and Mie Fujitsu Semiconductor License Nantero's NRAM And Have Begun Developing Breakthrough Memory Products for Multiple Markets. http:// www. fujitsu. com/jp/group/fsl/en/resources/news/press – releases/2016/0831. html